精选家常菜 大全

升级版

高杰 编著

中国轻工业出版社

目录
CONTENTS

PART 2 诱人禽蛋
富含蛋白质和矿物质的进补首选

PART 3 鲜香水产
提供丰富的矿物质和优质蛋白质

PART 4 清新蔬果
维生素和膳食纤维的优质提供者

PART 5 营养菌豆
高蛋白低脂肪的健康菜式

PART 6 健康主食
补充身体热量

PART 7 滋补汤羹
汤汤水水保健康

PART 8 养生粥膳
健康滋补最养人

PART 9 可口饮品
喝出身体好状态

创意美味篇

PART 10 香辣下饭菜
不由自主地多吃两碗饭

PART 11 拿手宴客菜
幸福小团圆的必备菜肴

PART 12 微波炉家常菜
玩转微波炉如此简单

PART 13 电饼铛家常菜
无油烟的方便美食

PART 14 烤箱家常菜
转一下开关就做好菜的新吃法

PART 15 电饭锅家常菜
发掘电饭锅的多重功能

一学就会的复合调料制法

葱油

制法 植物油烧热至140℃左右，投入葱白，炸至金黄色时即可。锅内的油即为葱油。油与葱的比例约为3∶2。

特点 有淡淡的葱香。

用法 菜品淋明油，使菜品光亮、味美，也可用于烹制荤菜。

葱椒油

制法 锅置火上，倒入500克植物油烧热，依次投入10克花椒、50克葱段、10克姜片炸至金黄色时即为葱椒油。

特点 除异味、增香味。

用法 一般用于鱼类、肉类等菜品淋明油。

辣椒油

制法 干红辣椒去蒂，切成1.5厘米长的段，用香油或其他植物油将辣椒段炸至棕红色，倒入碗中即可。

特点 香辣可口。

用法 多用于佐餐调味、凉拌菜品；也可作为微辣菜品烹制过程中的调味料。一般在菜品将熟时，浇淋调和在食材上即可。

川味红油

制法1 将干红辣椒剁碎成辣椒粉，放入清洁的耐热容器中，用少量的凉油或温水润一下；用160℃左右的热油彻浇，边浇边搅拌，凉凉即可。

制法2 将植物油烧热，降温至160℃左右，放入辣椒粉调匀。

特点 红艳爽口。

用法 一般用于烹制菜品，也可与其他调味品拌制冷食。

江苏风味糖醋汁

制法 锅置火上，倒油烧热，煸香姜末、蒜末，加入番茄酱、镇江香醋、清水、蔗糖熬制化开，加入少量盐、酱油，待汤汁再次烧开后，用水淀粉勾芡即可。

特点 色泽淡红。

用法 熘制菜品，一般可以浇淋在烹熟的食材上。

宫保汁

制法 将醋、酱油、料酒、白糖和适量清水调匀即可。

特点 酱香浓郁、酸甜口味、别具风格。

用法 宫保菜品中唯一的调味汁，可用于各种食材。做宫保菜品时，一般质地脆嫩的食材无须上浆、腌渍，直接入锅炒制，加入宫保汁即可。

麻辣酱

制法 将几粒花椒放在锅中，烤成焦黄色，然后研磨成粉。锅中倒入香油烧热，下辣椒酱、芝麻，待煸出红油香味散出时盛出，加酱油及少许白糖、盐，再撒上花椒粉、葱花搅匀即可。

特点 制作麻辣口味时最普通的调味酱。

用法 花椒可换成麻椒，麻味调料和辣味调料可以各占一半，也可以根据个人喜好突出麻味或辣味。

花椒盐

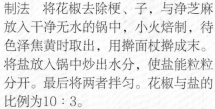

制法 将花椒去除梗、子，与净芝麻放入干净无水的锅中，小火焙制，待色泽焦黄时取出，用擀面杖擀成末。将盐放入锅中炒出水分，使盐能粒粒分开。最后将两者拌匀。花椒与盐的比例为10∶3。

特点 制作各种炸制菜品时主要的调味料。

用法 将煮熟的鸡蛋、略焯的野菜用花椒盐拌食，即为咸口沙拉。将小米面调和成糊，入沸水锅中，不停搅拌至再沸，盛出，浇上芝麻酱、熟芝麻，撒上花椒盐，即为老北京的面茶。

糖色

制法 将等量的白糖、清水放入锅中，用大火烧开炒至水分干时，转小火，待糖呈红黑色将要冒青烟时，倒入2倍于白糖的开水搅匀即可。

特点 给菜品调色。

用法 一般炖、煮、烹、炒、烩、熘等方法均可使用。操作时，将糖色浇淋在断生的食材上，也可以在糖色制成时调微火，将生料投入锅中。

汤匙

茶匙

20
19
18
17
16
15
14
13
12
11
10
9
8
7
6
5
4
3
2
1
0

单位：厘米

容量对照表

1茶匙固体调料＝5克

1茶匙液体调料＝5毫升

1/2茶匙固体调料≈3克

1/2茶匙液体调料≈3毫升

1汤匙固体调料＝15克

1汤匙液体调料＝15毫升

一眼看出食材和调料的用量

南瓜
直径15厘米、高12厘米的南瓜约1500克

黄瓜
直径3厘米、长25厘米的黄瓜约250克

番茄
直径6厘米、高6厘米的番茄，约200克

豆腐
一块长10厘米、宽6厘米、高5厘米的豆腐约400克，盒装豆腐有350克、200克等不同重量

芹菜
手握一把长度约50厘米长的芹菜约250克

萝卜
一根长35厘米、直径9厘米的萝卜约1500克

猪肉
一块长11厘米、宽7厘米、高10厘米的猪肉约500克

盐
2克盐

盐
5克盐

注：南瓜、黄瓜、番茄、豆腐、芹菜、萝卜、猪肉的大小以1元硬币作为参照物体

烹调常用技法扫盲课

炒

炒是指锅内放油烧热，下材料炒熟。如尖椒炒土豆丝等。

爆

爆是大火热油，原料下锅后快速操作。如葱爆羊肉等。

烧

烧是先将主料用油炸或焯烫，再加上辅料，对入汤汁煨熟的方法。如红烧肉等。

蒸

蒸是将生料或半熟原料，加调料调味后上笼屉蒸熟的方法。如粉蒸肉等。

炸

炸是主料挂糊或不挂糊下热油锅，由生炸熟。如干炸里脊、软炸虾仁等。

炖

炖是先将主料切块煸炒，再倒入汤汁，用小火慢煮的方法。如清炖羊肉等。

焖

焖是将加工处理好的原料放入锅中，加适量水和调料，盖紧锅盖烧开后，改小火进行较长时间的加热，待原料酥软入味的烹饪技法总称。如黄焖鸡等。

烩

烩是将原料油炸或煮熟后改刀，放入锅内加辅料、调料、高汤烩制的方法。如红烩羊肉等。

汆

汆是生料加工调味后，放开水锅中快速烫熟的方法。如汆丸子等。

烹饪名词大解析

焯水

将原料置于开水或冷水锅中进行初步熟处理的一种方法。一般焯蔬菜时用开水，快速焯烫后捞出冲凉。肉类用温水或凉水煮至断生，然后烹调，鸭肉等腥味较浓的肉不能用开水焯烫。一定要注意时间，焯水过长则造成营养流失，过短则难以断生。

挂糊

烹饪前将原料均匀裹上一层糊液的工艺，一般用来炸食物。

上浆

用淀粉、鸡蛋、盐等与原料一起调拌，使原料外层裹上一层薄薄浆液的工艺。

勾芡

在烹饪过程中向锅中加入淀粉水溶液，使菜肴汤汁具有一定浓稠度的工艺。

温油　热油　旺油

温油俗称三四成，温度在70~100℃，锅中不会有青烟，也没有响声，油面较平静，原料周围出现少量气泡。热油俗称五六成，温度在110~170℃，微有青烟，油从四周向中间翻动，原料周围出现大量气泡，但没有爆炸声。旺油俗称七八成，温度在180~230℃，有青烟，油面虽然较平静，但用勺搅时有响声，原料周围出现大量气泡，并有轻微的爆炸声。油温以八成为好，不要过高，以免过多破坏食物中的营养素。

炝锅

又称"炸锅"，是指将姜、葱、辣椒或其他带有香味的调料放入烧热的油锅中煸炒香，再及时下原料的一种方法。

安全标识全知道

中国人都说"民以食为天"，食品安全成了家庭安全的重心，作为掌管食材采买大权的你，知道如何看懂食品安全标志吗？让我们来了解一下食品安全相关知识，学会采购安全食物。

QS——食品质量安全市场准入标志

QS——Quality Safety，即为质量安全，表示食品遵从食品质量安全市场准入制度。

拥有这个标志，表明此产品的生产加工企业已经取得了食品生产许可证，并且出厂检验合格，符合食品质量安全的最基本要求。

未拥有QS标志的大米、面粉、食用油、酱油和醋这五类产品，是不得出厂销售的。因此在农贸市场遇到散装或者无标识的上述产品，最好不要选购。

HACCP标志

HACCP是危害分析及关键控制点的缩写，主要是对食品加工过程中的危害进行分析、监视和控制，把对食品的最终检验作为控制重点，抓住工艺流程及原料质量的关键点进行管制，从而降低危害发生的概率。它不仅有效地保障食品本身的安全，还关注于降低食品生产过程中对环境的危害。

绿色食品标志

绿色食品是指经过中国绿色食品协会评定的无污染的食品。它要求：

A级绿色食品标志（左）；
AA级绿色食品标志（右）

1.产品或产品原料产地必须符合绿色食品生态环境质量标准；

2.农作物种植、畜禽饲养、水产养殖及食品加工必须符合绿色食品生产操作规程；

3.产品必须符合绿色食品质量和卫生标准；

4.产品外包装必须符合国家食品标签通用标准，符合绿色食品特定的包装、装潢和标签规定。

标志期限3年，过期后需要重新认定。

绿色食品标准还分为两个技术等级，即A级和AA级。

A级限量使用限定的化学合成生产资料；AA级则禁止使用。后者对食品要求更高，安全也更有保障。

无公害农产品标志

拥有这个标志，表示产地环境符合无公害农产品的生态环境质量，生产过程符合规定的农产品质量标准和规范，有毒有害物质残留量控制在安全质量允许范围内。

无公害符合国家食品卫生标准，但比绿色食品和有机食品的标准要宽。无公害农产品是保证人们对食品质量安全最基本的需要，是最基本的市场准入条件，普通食品都应达到这个要求。

GAP（良好农业规范）标志

GAP是源自欧洲的一种农业规范认证。侧重可持续发展，主要作为大型超市采购农产品的评价标准，对可追溯性、食品安全性、动物福利、环境保护，以及员工健康等方面进行评估，物流配送到销售部会得到安全的保障。

农产品地理标志

这是农业部针对一些地区的知名特产，登记、颁发的特有农机产品标志。

它表明农产品来自本地区，或是虽有来自其他地区的原材料，但在本地区按照特定工艺生产加工的产品，像涪陵榨菜、山西陈醋等，产地和食品名称已经密不可分。拥有这个标志证明你购买的是正宗的当地特产。

有机食品标志

有机食品标志是由农业部有机食品认证中心经实地评估，颁发的符合有机农业生产规范的认证标志。这个标志表示在生产中未使用人工合成的肥料、农药、生长调节剂和畜禽饲料添加剂等物质，不采用基因工程获得的生物及其产物为手段，遵循自然规律和生态学原理，采取促进生态平衡及资源可持续利用的方法来进行农业生产取得的农副产品。

联合国粮农组织（FAO）和世界卫生组织（WHO）的国际食品法典委员会（CODEX）将这类称谓各异但内涵基本相同的食品统称为"ORGANIC FOOD"，中文译为"有机食品"，这代表着对食品安全的最高要求。

餐桌的安全，我做主

现在，越来越多的食品问题让人们总是质疑平时所吃食物的安全性。实际上，食品的确不是100%的安全，但你只需要在采购、清洗、烹饪时小心一点，就能够保证食品的安全。

学会采购，保障餐桌的健康安全

掌握时限

巧妙选购，在保存时限内吃完。对于蔬菜水果，最好只买3天的量，随买随吃肯定是最好的。如果是上班族，每周末买够一周的量问题不大。可以在集中采购时买一些两三天内需要吃完的菜，如绿叶菜，再准备一些番茄、土豆、洋葱、胡萝卜等存放时间较长的菜，菌类干品家中也要常备。

在菜市场买蔬果

菜市场的蔬菜水果，比超市的要新鲜漂亮，价格也便宜，宜在菜市场选购蔬果。

在超市选购调料

超市的调料等产品，比菜市场齐全，品牌也比较有保证。

巧妙洗菜，防止病从口入

储藏

实验证明，蔬果在室温下放置24小时左右，其农药残留含量可减少5%。所以，买来的蔬果可先放置一段时间，使农药氧化降解、减少农药残留，再清洗。

冲洗

蔬果并不是在清水中浸泡时间越长就越容易清洗干净，正确的方法是先浸泡15分钟，再用清水洗净各种污渍。

去皮

黄瓜、冬瓜等蔬菜表面有蜡质，易吸收农药。因此，对于这些瓜果如黄瓜、冬瓜、南瓜、萝卜等，从食品安全的角度来说，先去皮再冲洗比较好。

洗刷

对于角瓜、丝瓜等表面比较光滑的蔬菜，直接用水清洗就能除去表面的脏东西。像苦瓜这种表面凹凸不平的蔬菜就需要选择一个柔软的毛刷轻轻刷洗净表面的脏东西。

加热

对于菜花、西蓝花这样表面不太容易清洗的蔬菜，以及芹菜、豆角、莴笋等适宜加热的蔬菜，冲洗后可用沸水焯一下，然后再烹炒食用。

晒太阳

给蔬菜水果晒太阳，就能去除一些农药残留物。这是利用阳光的多光谱效应来分解和破坏蔬菜中残留的部分农药。

免洗大米也需清洗

现在一般在市场里购得的大米普遍比较干净，甚至有许多都是免洗的，虽然是免洗大米，但还应该洗洗再煮。洗米只需用清水简单冲洗，不要淘洗很多次，更不要用手用力去搓洗，以免营养流失过多。

健康烹饪，为餐桌安全把好最后一关

煮——减少脂肪量

肉类放入沸水锅中稍煮，能使肉中不可见的脂肪部分分解出来，从而减少其中的脂肪量。有的食物煮后营养反而更丰富，如土豆中含有一层牢不可破的纤维膜，要先释放其细胞里含有的淀粉质，否则肠胃不好消化，先将其煮一下，就可达到这种效果。

蒸——保存食物营养

与水煮比起来，蒸可大大保存食物的营养成分。蒸时务必盖好锅盖，这样可减少食物中的营养物质被蒸出。此外，蒸过的水不要反复使用，因为其中含有亚硝酸盐，对人体有害。

焖——保留多种维生素

这种烹饪方式能保留更多的维生素，但是脂肪含量较高，可以在冷却后去掉多余的脂肪。对于根茎类蔬菜和豆类来说，这是种理想的烹饪方法。

大火快炒——保留营养素

在用油的烹饪方式中，炒是能较多保留营养素的一种方法。使用较少量的油，待油锅烧热，尽量减少食物在锅中停留的时间，膳食纤维能够得到较好的保存。

烤——包裹锡纸，减少水分流失

用锡纸包裹烘烤肉类，可保证肉质鲜嫩、水分不流失。此外，用炭火烧烤因受热不均，会导致烧烤过度而烤焦肉类，这样会产生大量致癌物质，且高温烧烤的时间越长，致癌物质越多，焦黑的部分往往含有最多的毒素。因此，吃烧烤类食物最好用电烤箱来烹制，尽量少食用炭火烧烤的食物。

家 常 饭 菜 篇

PART

1

馋嘴畜肉

为身体补充
蛋白质和脂肪

家常畜肉预处理全图解

猪瘦肉巧处理

1 猪瘦肉用清水洗净。　　**2** 用刀剔去猪肉上的筋膜。　　**3** 将猪肉斜刀切片。

五花肉巧处理

1 猪五花肉用清水洗净。　　**2** 肉皮向下，切块或片。　　**3** 处理好的样子。

猪肝巧处理

1 猪肝用清水洗净。　　**2** 浸泡半小时。　　**3** 洗去浮沫和杂质。　　**4** 再次冲洗干净。

猪腰巧处理

1 猪腰用清水洗净。　2 剔去筋膜。　3 纵向一切两半。　4 片去臊膜，洗净。

腊肉巧处理

1 将腊肉的皮放在火上烤一下。　2 腊肉用热水涮洗，刮掉烤焦的肉皮。　3 洗净后沥干。　4 放锅内大火煮熟备用。

牛肉巧处理

1 牛肉用清水洗净。　2 横刀切片。　3 处理好的样子。

羊肉巧处理

1 羊肉用清水洗净。　2 剔去筋膜。　3 横刀切片。　4 处理好的样子。

猪肉

| 适宜人群 | 一般人都可食用 | 慎食人群 | 肥胖者、高脂血症及心血管疾病患者，痰多、舌苔厚黏的人 |

性味归经	性微寒，味甘、咸，归脾、胃、肾经
热　　量	248千卡/100克可食部
功　　效	增强体力、消除疲劳、美肤补血、滋阴润燥、健脾益气

○ 应选择肉质结实、有弹性、有光泽、肥肉洁白、瘦肉红、无腥味与肉瘤者。

○ 猪肉冲净后，放入沸水中焯烫，去血水后用清水洗净，这样肉质比较细、筋腱少，切肉时应顺肉纹方向切。

○ 猪肉经长时间炖煮后，脂肪会减少30%~50%，大大降低胆固醇含量。

○ 猪肉特别是猪肥肉多吃易肥胖，使胆固醇增高，增加引发高血压、冠心病的概率。

凉菜 蒜泥白肉　准备 10 分钟　烹调 60 分钟

材料　带皮猪五花肉 500 克。

调料　盐、料酒各 5 克，生抽、红油、蒜泥各 10 克，白糖 3 克，姜片、葱段、葱末、香菜段各 8 克。

做法

1 猪肉刮净猪皮表面残毛，洗净，凉水下锅煮开去血水，捞出，洗净，沥干，再入净水锅中，加料酒、姜片、葱段煮熟，凉凉后切成薄片。

2 将盐、红油、蒜泥、葱末、白糖、生抽、少许煮肉原汤调成味汁，淋在肉片上，撒上香菜段即可。

烹饪提示

五花肉要整块入水煮，事先切好肉片再入锅煮，肉片在沸水的冲击下质地易散，会失去嚼劲。

热菜 酱爆肉丁

准备 15 分钟　烹调 6 分钟

材料 猪瘦肉 250 克，胡萝卜 100 克，青椒 30 克。

调料 甜面酱 30 克，料酒 20 克，葱末、姜末、蒜末、淀粉各 5 克，盐 4 克。

做法

1 猪瘦肉、胡萝卜、青椒分别洗净、切丁，将肉丁用淀粉、料酒、葱末、姜末、蒜末、盐拌匀。

2 锅置火上，倒油烧热，放胡萝卜丁煸炒至软，盛出。

3 锅内倒油烧热，放肉丁炒变色，加甜面酱煸炒，放胡萝卜丁和青椒丁炒熟，放盐即可。

烹饪提示

根据口味加一点糖，可以让菜的味道更温和，而且能提鲜，就不用放鸡精了。

热菜 榨菜肉丝

准备 20 分钟　烹调 6 分钟

材料 猪肉 200 克，榨菜丝 50 克。

调料 白糖、料酒、生抽、淀粉各 5 克，盐 2 克。

做法

1 猪肉洗净，切丝，加料酒、生抽、盐、淀粉拌匀，放入油锅中煸炒至发白，盛出备用。

2 锅底留油烧热，倒入榨菜丝煸炒片刻，再放入肉丝，加白糖炒匀，加少许水，加盖大火焖 1 分钟即可。

烹饪提示

榨菜一定要提前用清水浸泡后再食用，否则会很咸。

热菜 鱼香肉丝

准备 15 分钟　烹调 10 分钟

材料 猪里脊肉丝 200 克，莴笋丝 50 克，水发木耳丝 25 克，鸡蛋清 1 个。

调料 姜丝、白糖、醋各 15 克，蒜片、泡椒末各 10 克，葱花、豆瓣酱各 20 克，酱油 3 克，水淀粉适量。

做法

1 将少许泡椒末、蛋清与部分水淀粉制成蛋清浆；将白糖、醋、酱油、水淀粉调成味汁；肉丝加蛋清浆、油拌匀。

2 油烧热，炒香泡椒末、豆瓣酱，下肉丝煸炒，下莴笋丝、木耳丝、姜丝、葱花、蒜片炒香，下味汁炒匀即可。

热菜 肉丝拉皮　15 准备分钟　5 烹调分钟

材料　烫熟的粉皮200克，里脊肉丝50克。

调料　葱丝、姜丝各2克，甜面酱、料酒各15克，盐1克，香菜末少许。

做法

1 里脊肉丝用料酒腌渍。

2 油锅烧热，爆香葱丝、姜丝，放肉丝、甜面酱炒匀，放粉皮、盐炒熟，撒香菜末即可。

热菜 木樨肉　10 准备分钟　6 烹调分钟

材料　猪瘦肉片150克，鸡蛋2个，黄瓜片、水发木耳、水发黄花菜各50克。

调料　酱油、料酒、葱末、姜末、盐各5克。

做法

1 鸡蛋磕开，打匀，炒散；木耳撕成小朵。

2 油锅烧热，炒香葱末、姜末，放肉片煸炒，加酱油、料酒、盐，倒其他食材炒熟即可。

热菜 京酱肉丝　20 准备分钟　5 烹调分钟

材料　里脊肉丝400克，葱白丝100克。

调料　甜面酱80克，淀粉20克，白糖、料酒各5克，盐2克。

做法

1 里脊肉丝加料酒、盐、淀粉上浆，滑熟，盛出；油锅加甜面酱、白糖、料酒翻炒，放肉丝炒熟。

2 将肉丝放在盛有葱丝的盘中即可。

热菜 回锅肉　30 准备分钟　5 烹调分钟

材料　五花肉350克，青尖椒、红尖椒各60克。

调料　蒜片、酱油、豆豉各10克，花椒、盐各3克。

做法

1 猪五花肉洗净，煮至八成熟，沥干，切片，炒出油，盛出；青尖椒、红尖椒洗净，切片。

2 油烧热，炒香花椒、盐、豆豉、蒜片，加肉片和酱油炒匀，下尖椒片炒熟即可。

热菜 农家小炒肉

准备 15 分钟　烹调 10 分钟

材料 猪瘦肉片 150 克，带皮五花肉片、青尖椒圈、红尖椒圈各 100 克。

调料 料酒、酱油各 10 克，蒜末 8 克，盐 4 克，淀粉适量。

做法

1 猪瘦肉片加淀粉、料酒、酱油腌渍。

2 锅内倒油烧热，放带皮五花肉片煸炒至金黄色，倒尖椒圈和蒜末，放盐翻炒。

3 放入腌好的瘦肉片，煸炒 3 分钟，加酱油炒匀即可。

烹饪提示

嗜辣者宜选用形状较瘦、较弯的尖椒，口感较辣。

热菜 东坡肉

准备 10 分钟　烹调 2.5 小时

材料 五花肉 600 克，油菜适量。

调料 料酒 100 克，酱油 40 克，白糖 30 克，姜片 20 克。

做法

1 五花肉洗净，煮 5 分钟，取出，沥干；油菜洗净，焯水，垫盘底。

2 取砂锅，放姜片垫底，放五花肉，加白糖、酱油，倒料酒，料酒的高度没过肉。

3 大火煮开，转小火焖 2 小时，取出，将肉皮面朝上装碗中，蒸 30 分钟，取出蒸好的东坡肉放油菜上，浇上煮肉的原汁即可。

烹饪提示

用料酒代替清水烧肉，能去腥，而且能使肉质酥软。

热菜 粉蒸肉

准备 35 分钟　烹调 45 分钟

材料 五花肉片 500 克，蒸肉米粉 100 克。

调料 郫县豆瓣碎 30 克，酱油 25 克，料酒、米酒各 15 克，腐乳汁、白糖、姜末、葱段各 10 克，盐、葱末、花椒各 2 克，胡椒粉少许。

做法

1 花椒混合葱末，剁碎。

2 五花肉片放碗中，放剩余调料腌渍 30 分钟，加蒸肉米粉和清水拌匀。

3 将肉片肉皮朝下整齐地码在碗内，放入蒸锅蒸 40 分钟，倒扣在盘内，撒花椒碎、葱段即可。

烹饪提示

猪肉要选择五花肉，也可以换成牛肉、羊肉。

热菜 萝卜干炖肉

准备 25 分钟　　烹调 80 分钟

材料 萝卜干 250 克，五花肉块 500 克。

调料 红辣椒段 50 克，酱油、料酒各 15 克，葱末、姜末各 5 克，大料 2 个。

做法

1 萝卜干洗至变软，挤干。
2 锅内倒油烧热，下肉块大火煸炒，爆香大料、红辣椒段、姜末、葱末，加酱油、料酒翻炒，下入萝卜干大火翻炒 2 分钟，添加刚刚没过萝卜干的热水，大火烧开后，转中火炖制，汤汁收尽出清油时即可。

烹饪提示

萝卜干不要浸泡过久，如果时间太长，发透了，吃起来就没有韧劲了。

热菜 猪肉炖粉条

准备 10 分钟　　烹调 1 小时

材料 带皮五花肉块 400 克，粉条 100 克。

调料 白糖 30 克，酱油、料酒、醋各 10 克，葱段、姜末各 5 克，盐 4 克，花椒少许。

做法

1 粉条发透，捞出沥干。
2 锅内倒油烧热，放肉块炒至变色，盛起。
3 锅内倒油烧热，放白糖炒糖色，加肉块炒匀，放入姜末、花椒，放酱油、料酒、盐和清水，大火烧开后转小火炖至锅中水剩 1/3 时，加粉条炖入味，加醋调味，撒上葱段即可。

烹饪提示

粉条泡发后也可先煮至八成熟，再与肉一起炖。

热菜 清蒸狮子头

准备 20 分钟　　烹调 65 分钟

材料 五花肉 300 克，荸荠丁 100 克，生菜 50 克，鸡蛋 1 个。

调料 料酒 15 克，葱末、姜末各 5 克，盐 4 克，胡椒粉 3 克。

做法

1 五花肉洗净，剁成肉丁；将五花肉丁、荸荠丁加盐、料酒、胡椒粉、姜末、鸡蛋液搅上劲，团成球状即成"狮子头"；生菜洗净，铺盘底。
2 "狮子头"放碗中，撒葱末，蒸 1 小时，取出，放盘中即可。

烹饪提示

肉丁是用刀剁出来的，且一定要摔上劲，熟后吃起来才能入口即散。

热菜 糖醋排骨

准备 15分钟 烹调 30分钟

材料 排骨500克，鸡蛋1个。

调料 盐4克，葱花3克，蒜蓉2克，淀粉50克，水淀粉30克，白糖80克，白醋40克，番茄酱适量。

做法

1 鸡蛋磕开，搅匀；排骨加盐、蛋液、水淀粉挂糊，拍上淀粉，炸熟。

2 白糖、番茄酱、白醋倒入碗中，对成糖醋汁。

3 锅留底油，下葱花、蒜蓉、糖醋汁烧浓，下水淀粉勾芡，再放入已炸好的排骨翻炒匀即可。

烹饪提示

此菜先挂水淀粉，再拍干淀粉，目的是使炸出的排骨外焦香、里嫩滑。

热菜 红烧排骨

准备 10分钟 烹调 1小时

材料 猪小排500克。

调料 白糖30克，酱油、料酒各15克，醋、葱末、姜末、蒜末各10克，大料、花椒、盐各3克。

做法

1 猪小排洗净，焯一下。

2 锅内倒油烧热，放入白糖并用铲子搅动至化开，倒小排小火翻炒2分钟，以便上色。

3 加姜末、蒜末炒香，再放酱油、醋、料酒、大料、花椒、盐略炒，倒入适量水大火烧开后，转小火焖至小排肉烂，出锅前撒上葱末即可。

烹饪提示

猪小排焯水可去腥、除污，也可使肉质保持鲜嫩。

热菜 豉汁蒸排骨

准备 20分钟 烹调 1小时

材料 猪小排500克，豆豉80克，山药100克，鸡蛋清1个。

调料 盐4克，蒜片、干红辣椒段各10克，生抽、黄酒各15克，淀粉少许。

做法

1 豆豉压碎、剁细，加黄酒、植物油拌匀；山药洗净，去皮，切小块。

2 猪小排加蛋清抓匀，加豆豉碎、盐、蒜片、干红辣椒段、生抽腌渍15分钟，放点淀粉抓匀。

3 将山药块放碗中，上面铺上猪小排，蒸1小时即可。

烹饪提示

猪小排加蛋清时，可以用手抓匀，有一层淡淡的黏液包裹着就够了。

热菜 莲藕炖排骨 10 准备分钟 1.5 烹调小时

材料 莲藕 250 克，排骨 400 克。

调料 料酒 15 克，葱末、姜末、蒜末各 10 克，盐 5 克，胡椒粉少许。

做法

1 排骨洗净、切块；莲藕去皮，洗净、切块。

2 油锅烧热，爆香姜末、蒜末，倒入排骨翻炒，加入料酒，加开水、莲藕块，大火烧开后转小火炖 70 分钟，加盐和胡椒粉，撒葱末即可。

热菜 酸菜炖骨头 1 准备小时 1 烹调小时

材料 猪脊骨 250 克，酸菜段、粉条各 100 克。

调料 料酒 15 克，葱段、姜片各 10 克，盐 5 克，大料 1 个。

做法

1 高压锅放猪脊骨、料酒、姜片、大料、2 克盐和清水，上汽后压 45 分钟。

2 油锅爆香葱段，下酸菜翻炒，倒骨头和骨头汤，放粉条（泡发）炖熟，加盐即可。

热菜 豇豆炖排骨 15 准备分钟 1.5 烹调小时

材料 排骨 500 克，净豇豆段 200 克。

调料 葱段、姜片各 10 克，老抽、料酒各 15 克，盐 5 克，白糖少许。

做法

1 排骨洗净，剁块，煮去血沫，沥干。

2 油锅烧热，爆香葱段、姜片，加白糖、老抽、排骨炒上色，加水、料酒炖至八成熟，加豇豆段炖熟，加盐即可。

凉菜 红油肚丝 3 准备分钟 6 烹调分钟

材料 熟猪肚丝 300 克，红椒条 30 克。

调料 辣椒粉 10 克，葱花、姜末各 5 克，盐 3 克。

做法

1 猪肚丝、红椒条、姜末、盐拌匀，放盘中。

2 油锅烧热，倒辣椒粉炒成红油，关火，将其浇在肚丝上，撒葱花即可。

凉菜 莲子猪肚

准备 10 分钟　烹调 1 小时

材料　猪肚 400 克，去心水发莲子 100 克。

调料　葱末、姜末、蒜末各 5 克，盐 3 克。

末、姜末、蒜末、盐拌匀即可。

做法

1 猪肚洗净，内装水发莲子，用线缝合。

2 锅内放装有莲子的猪肚和清水，炖熟。

3 猪肚捞出凉凉，切丝，同莲子放盘中，加葱

凉菜 盐水猪肝

准备 10 分钟　烹调 30 分钟

材料　猪肝 500 克。

调料　盐 6 克，姜片、花椒、大料、香油各适量。

煮沸，把焯烫过水的猪肝放入盐水中，煮至猪肝熟。

4 将卤好的盐水猪肝切片，放凉装盘，淋上香油即可。

做法

1 猪肝洗净，冲去血水，依据大小切成块。

2 锅中放入适量清水、猪肝煮开，捞出去浮沫。

3 锅中再加清水和盐，将姜片、花椒、大料放入

> **烹饪提示**
> 用筷子插入猪肝无血水流出就表示猪肝熟了，煮制时以水没过猪肝为宜。

热菜 熘肝尖

准备 20 分钟　烹调 5 分钟

材料　净猪肝片 250 克，黄瓜片 100 克，水发木耳 30 克。

调料　水淀粉 20 克，绍兴黄酒 15 克，葱段、酱油、淀粉各 10 克，姜丝、醋、盐各 4 克，白糖少许。

中滑散盛出；将酱油、醋、盐、白糖、水淀粉调成芡汁。

2 油锅烧热，炒香葱段、姜丝，炒熟木耳、黄瓜片，加猪肝片，调芡汁即可。

做法

1 猪肝片加淀粉、绍兴黄酒、白糖拌匀，放油锅

> **烹饪提示**
> 单独加各种调料会延长操作时间，猪肝易失去软嫩的口感，故应准备好芡汁。

热菜 胡萝卜炒猪肝 10 准备分钟 5 烹调分钟

材料 猪肝 250 克，胡萝卜 150 克。

调料 葱花、姜末、蒜末各 5 克，盐 3 克。

做法

1 猪肝、胡萝卜分别洗净、切片。

2 锅置火上，倒油烧至六成热，爆香姜末、蒜末，放入胡萝卜片煸炒，将熟时下猪肝片，翻炒片刻后加盐调味，撒入葱花即可。

热菜 菠菜炒猪肝 10 准备分钟 3 烹调分钟

材料 猪肝片 250 克，菠菜 100 克。

调料 水淀粉 30 克，料酒 10 克，葱末、姜末、蒜末各 5 克，盐 3 克。

做法

1 猪肝片加水淀粉、料酒抓匀上浆；菠菜洗净，焯水，捞出沥干，切段。

2 油锅烧热，炒香葱末、姜末、蒜末，放猪肝片炒散，放菠菜段、盐翻匀，用水淀粉勾芡即可。

凉菜 红油腰片 15 准备分钟 3 烹调分钟

材料 猪腰片 250 克，莴笋片 100 克。

调料 辣椒油、酱油各 10 克，蒜末、葱末、姜末各 5 克，白糖、盐各 3 克。

做法

1 猪腰片浸泡 10 分钟，煮熟，捞出沥干；莴笋片焯熟，捞出沥干；将辣椒油、酱油、蒜末、葱末、姜末、白糖、盐调成调味汁。

2 将猪腰片、莴笋片和调味汁拌匀即可。

热菜 火爆腰花 3 准备分钟 5 烹调分钟

材料 猪腰（花刀）350 克，竹笋片 80 克，胡萝卜片 60 克。

调料 水淀粉 20 克，酱油、料酒各 10 克，葱末、姜末各 5 克，盐 3 克。

做法

1 猪腰浸泡，煮熟，沥干；笋片焯水。

2 油锅烧热，爆香葱末、姜末，炒香竹笋片、胡萝卜片，加猪腰花翻炒熟，加料酒、酱油、盐，加水淀粉勾芡即可。

热菜 荷兰豆炒腊肉 准备 20分钟 烹调 5分钟

材料 荷兰豆 250 克，腊肉 200 克。

调料 葱末、姜末各 5 克，盐 2 克。

做法

1 腊肉洗净，凉水入锅煮 10 分钟，捞出沥干、切片；荷兰豆洗净，入沸水锅中焯烫片刻，捞出沥干、切段。

2 锅内倒油烧至六成热，爆香葱末、姜末，放入腊肉片煸炒出油，下荷兰豆，快速翻炒，加盐即可。

凉菜 猪蹄皮冻 准备 10分钟 烹调 1.5小时

材料 猪蹄 400 克，去核红枣 50 克。

调料 葱段 10 克，盐 5 克。

做法

1 猪蹄洗净，剁块，焯烫，捞出冲去血沫，放入加了红枣和清水的锅中，煮沸后炖 1 小时，加葱段、盐。

2 捞出猪蹄，剔除骨头，皮和肉重新放回锅里再煮 30 分钟，捞出装盘，凉凉，放入冰箱，待成冻后切块即可。

热菜 萝卜干炒腊肉 准备 35分钟 烹调 5分钟

材料 萝卜干段 150 克，腊肉片 200 克。

调料 料酒、醋各 10 克，干辣椒段、姜末、蒜末各 5 克，盐 2 克。

做法

1 腊肉蒸软；萝卜干煸炒，盛起。

2 锅内倒油烧热，爆香干辣椒段、姜末、蒜末，放腊肉片、萝卜干翻炒，再加料酒、醋，放盐即可。

凉菜 煨肘子 准备 10分钟 烹调 1.5小时

材料 猪后肘 600 克。

调料 酱油 20 克，葱段、姜片各 15 克，白糖、盐各 5 克，大料、桂皮、花椒各 3 克。

做法

1 猪肘洗净，焯烫，捞出沥干；大料、桂皮、花椒制成香料包。

2 锅内放猪肘和清水煮开，放葱段、姜片、香料包、酱油烧开，焖 50 分钟，加盐、白糖继续煮至汤浓，捞出凉凉切片即可。

牛肉

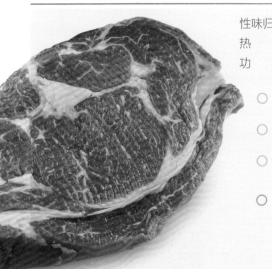

性味归经	性平，味甘、咸，归脾、肾经
热　量	125千卡/100克可食部
功　效	补血养血、生肌健力、愈合伤口

○ 牛肉的肌肉纤维较粗糙且不易消化，老人、幼儿及消化能力较弱的人不宜多吃。

○ 炖牛肉时加入适量山楂，易熟烂。

○ 牛肉应挑选色泽鲜红、湿润有弹性、脂肪为白色或奶油色的，闻起来要有鲜肉味儿。

○ 牛肉的胆固醇含量较高，不宜常吃，每周吃1～2次为宜。

凉菜 五香酱牛肉

准备 2 小时　烹调 2.5 小时

材料　牛肉 500 克。

调料　姜片、葱段、蒜片各 10 克，冰糖、老抽、料酒各 15 克，盐 8 克，花椒、香叶、大料、干辣椒、白芷、丁香、香菜段各适量。

做法

1 牛肉洗净，扎上小孔，以便腌渍入味，放姜片、蒜片、葱段，加盐、老抽、料酒，抓匀后腌渍 2 小时。

2 锅内放油烧热，放冰糖小火炒化，加适量清水，放牛肉，倒入腌渍牛肉的汁，大火煮开，撇清浮沫，倒入花椒、香叶、大料、干辣椒、白芷、丁香，中小火煮至牛肉用筷子能顺利扎透即可关火。

3 煮好的牛肉继续留在锅内自然凉凉，盛出切片，码入碟，放上香菜段即可。

┌─── **烹饪提示** ───┐
用辣椒油、芝麻、醋、蒜末、白糖和老抽制成调味料，再用做好的牛肉片蘸着吃，味道更佳。
└─────────────┘

热菜 干煸牛肉丝

准备 10 分钟　烹调 10 分钟

材料 牛里脊肉 250 克，芹菜段 100 克，熟白芝麻 10 克。

调料 水淀粉 25 克，料酒、酱油各 10 克，干辣椒段 15 克，姜末、蒜末、白糖各 5 克，盐、花椒各适量。

做法

1 牛肉洗净，切丝。

2 锅内倒油烧至六成热，爆香花椒，放牛肉丝煸炒，倒料酒、酱油炒匀，下干辣椒段、姜末、蒜末炒至将熟，放芹菜段，加盐、白糖略炒，撒上白芝麻即可。

> **烹饪提示**
> 牛肉切丝时，要逆着肉的纹路切，且一定要煸炒至酥，否则很难咬动。

热菜 黑椒牛柳

准备 20 分钟　烹调 15 分钟

材料 牛肉片 250 克，洋葱片 30 克，鸡蛋 1 个，青椒片、红椒片各 50 克。

调料 蚝油 15 克，黑胡椒粉 6 克，葱花、酱油各 5 克，蒜泥、姜末、盐各 3 克，淀粉、料酒各 10 克，鲜汤 20 克，淀粉、白糖各少许，水淀粉 8 克。

做法

1 牛肉片加鸡蛋、淀粉腌 10 分钟，放油锅中滑至变色，捞出控油。

2 锅中留底油烧热，炒香葱花、蒜泥、姜末、洋葱片，加鲜汤、蚝油、酱油、白糖、盐、料酒、黑胡椒粉，烧沸后用水淀粉勾芡，倒牛肉片、青椒片、红椒片翻匀即可。

热菜 酸菜炒牛肉

准备 10 分钟　烹调 10 分钟

材料 牛肉 250 克，酸菜 250 克。

调料 酱油、水淀粉各 15 克，干辣椒、白糖各 5 克，盐 2 克。

做法

1 牛肉洗净、剁碎，加酱油、水淀粉拌匀；酸菜洗净、沥干、剁碎；干辣椒洗净、切碎。

2 锅置火上，倒油烧至六成热，爆香干辣椒碎，倒牛肉碎炒熟，盛起。

3 锅置火上，倒油烧至六成热，放入酸菜碎煸炒，加牛肉碎炒匀，最后调入白糖、盐即可。

> **烹饪提示**
> 酸菜还可用腌豇豆、腌雪里蕻等代替。

热菜 苦瓜炒牛肉

准备 15分钟　烹调 10分钟

材料 苦瓜200克，牛肉250克。

调料 料酒、酱油、豆豉、水淀粉各10克，蒜末、姜末各5克，盐、胡椒粉各2克。

做法

1 牛肉洗净，切片，加料酒、酱油、胡椒粉、盐和水淀粉腌渍片刻；苦瓜去瓤，切片，用盐腌渍10分钟，挤出水分。

2 锅内倒油烧热，放牛肉片炒至变色，盛起。

3 锅留底油烧热，爆香蒜末、姜末、豆豉，倒苦瓜片煸炒，加牛肉片炒熟即可。

> **烹饪提示**
> 将切好的苦瓜片撒上盐腌渍一会儿后挤出水分，可减轻苦味。

热菜 水煮牛肉

准备 20分钟　烹调 20分钟

材料 牛肉400克，白菜片100克，芹菜段50克。

调料 郫县豆瓣酱、料酒、酱油各20克，水淀粉、葱末、姜末、蒜末、干辣椒碎各15克，花椒、白胡椒粉、盐各2克。

做法

1 牛肉洗净，切薄片，加料酒、酱油、水淀粉、植物油拌匀，腌渍15分钟。

2 锅内倒油烧热，炒香葱末、姜末、蒜末和郫县豆瓣酱，加适量热水，放牛肉片，调白胡椒粉、盐，将牛肉煮熟捞出，保留原汤。

3 原汤中下白菜片和芹菜段煮熟，将汤和菜倒在牛肉上，撒干辣椒碎和花椒，淋热油即可。

热菜 沙茶牛肉

准备 20分钟　烹调 10分钟

材料 牛肉300克，青椒100克。

调料 沙茶酱25克，香菜段20克，淀粉、料酒各15克，蚝油、姜末各5克，盐2克。

做法

1 牛肉洗净，切薄片，加料酒、蚝油、淀粉腌渍入味；青椒洗净，切丝。

2 锅置火上，倒油烧至六成热，放入牛肉片炒至变色，盛起待用。

3 锅置火上，倒油烧热，爆香姜末，放入青椒丝翻炒，加牛肉片、盐快速翻炒，再加沙茶酱炒匀，撒香菜段即可。

> **烹饪提示**
> 沙茶酱有咸味，因此炒菜时要少放盐。

热菜 金针肥牛　准备20分钟　烹调10分钟

材料　肥牛肉片 400 克，金针菇 150 克，红尖椒碎 15 克。
调料　水淀粉 20 克，淀粉 8 克，盐 4 克。
做法
1　肥牛肉片用淀粉拌匀；金针菇去根，洗净。
2　油锅烧热，爆香红尖椒碎，加入水、肥牛肉片和金针菇，炒熟，调入盐，用水淀粉勾芡即可。

热菜 土豆烧牛肉　准备15分钟　烹调70分钟

材料　牛肉 300 克，土豆 250 克。
调料　料酒、酱油各 15 克，香菜段、葱末、姜片、醋各 10 克，盐 3 克。
做法
1　牛肉洗净、切块，焯烫；土豆洗净，切块。
2　油锅烧热，爆香葱末、姜片，放牛肉块、酱油、料酒、盐翻炒，倒入砂锅中，加清水炖 50 分钟，加土豆块炖熟，放醋，收汁，撒香菜段即可。

热菜 萝卜炖牛腩　准备10分钟　烹调2.5小时

材料　牛腩 400 克，白萝卜块 250 克。
调料　料酒、酱油各 15 克，葱末、姜片各 10 克，盐 5 克，大料、胡椒粉各 4 克。
做法
1　牛腩洗净、切块，焯烫，捞出。
2　砂锅放入牛腩块、酱油、料酒、姜片、大料和清水，炖 2 小时，加白胡萝卜块炖熟，放盐、胡椒粉，撒葱末即可。

热菜 番茄炖牛腩　准备10分钟　烹调2.5小时

材料　牛腩块 400 克，番茄 250 克。
调料　料酒、酱油各 15 克，葱末 5 克，盐 4 克。
做法
1　牛腩块焯烫，捞出；番茄洗净、去皮，取一半切碎，另一半切块。
2　油锅烧热，放番茄碎，熬煮成酱，加牛腩块、酱油、料酒、盐翻匀，倒入砂锅中加水炖熟，放番茄块略炖，撒葱末即可。

热菜 咖喱牛肉　准备 15分钟　烹调 2.5小时

材料　牛腩块 500 克，洋葱片 50 克。

调料　咖喱酱 30 克，酱油、料酒各 15 克，白糖、蒜末各 5 克，盐少许。

做法

1. 牛腩块焯烫，捞出；洋葱片炒香盛起。
2. 油锅烧热，爆香蒜末，下咖喱酱、白糖炒香，倒牛腩块略炒，加水炖至将熟，加酱油、料酒、盐调味，放洋葱片即可。

热菜 小炒牛肚　准备 15分钟　烹调 5分钟

材料　熟牛肚丝 300 克，蒜薹段 150 克，青椒丝 50 克。

调料　酱油、醋各 10 克，干辣椒碎、豆豉、姜末、蒜末各 5 克，盐 2 克。

做法

油锅烧热，爆香干辣椒碎、姜末、蒜末，倒蒜薹段、青椒丝翻炒，加牛肚丝、酱油、醋、豆豉炒至将熟，调盐即可。

热菜 红烧牛蹄筋　准备 15分钟　烹调 1小时

材料　鲜牛蹄筋 400 克。

调料　鸡汤 200 克，葱段 10 克，水淀粉、酱油、料酒各 15 克，姜末 5 克，盐 3 克。

做法

1. 牛蹄筋洗净、切条，略焯，盛出。
2. 油锅烧热，爆香姜末，加牛蹄筋条翻炒，放酱油、料酒、盐、鸡汤，煨至熟烂，加葱段炒匀，用水淀粉勾芡即可。

热菜 芫爆百叶　准备 5分钟　烹调 5分钟

材料　牛百叶条 350 克，香菜段 100 克。

调料　香油 10 克，葱末、姜末各 5 克，盐 4 克，胡椒粉 3 克。

做法

锅置火上，倒油烧至六成热，爆香葱末、姜末，下入牛百叶条快速翻炒，随即加入盐、胡椒粉和香菜段炒匀，淋上香油即可。

羊肉

| | 适宜人群 | 一般人群均可食用，尤其适合身体瘦弱、畏寒、脾胃虚寒、腰膝酸软、产后血虚者 | | 慎食人群 | 发热、牙痛、口舌生疮、咳吐黄痰等有上火症状的人 |

性味归经　性温，味甘，归脾、胃、肾经

热　　量　203千卡/100克可食部

功　　效　健脾胃、祛寒、壮阳益肾、补虚健力、强健骨骼

○ 畏寒、四肢冰冷的人及因腹冷导致痛经时可以食用。

○ 烤羊肉串在熏烤的过程中会产生致癌物，常吃这类食物，容易使体内蓄积致癌物质。

○ 羊肉温热而助阳，一次不要吃得太多，否则易上火。

热菜 辣子羊肉丁　准备15分钟　烹调15分钟

材料　羊肉300克，鸡蛋清1个，青椒、红椒各25克，去皮熟花生仁20克。

调料　水淀粉15克，酱油10克，葱段、姜末、蒜末各5克，盐4克。

做法

1 羊肉洗净、切丁，加鸡蛋清、水淀粉抓匀上浆，入油锅中滑油，捞出沥油；青椒、红椒各洗净、切丁。

2 锅置火上，倒油烧至六成热，爆香葱段、姜末、蒜末，放入青椒丁、红椒丁略炒，加羊肉丁翻炒至将熟，再调入酱油、盐，撒入去皮熟花生仁即可。

── 营养功效 ──

这道菜富含蛋白质、膳食纤维、维生素C、钙、铁、磷等成分，有温补气血、补虚养肾、暖胃驱寒的功效。

── 烹饪提示 ──

如果很喜欢吃辣，做这道菜时可加上朝天椒或干辣椒，这两种食材的辣味更浓，吃起来更过瘾。

热菜 子姜炒羊肉丝 准备15分钟 烹调5分钟

材料 羊肉 250 克，子姜 100 克，青椒、红椒各 30 克。

调料 葱丝 30 克，料酒 10 克，盐 4 克，醋少许。

做法

1 羊肉洗净，切丝；子姜洗净，切丝；青椒、红椒均洗净，去蒂、子，切丝。

2 将羊肉丝放入碗内，加料酒和盐腌渍 10 分钟。

3 锅置火上，倒油烧至七成热，下姜丝炒香，将羊肉丝、青椒丝、红椒丝和葱丝下锅煸炒，烹入料酒，加盐调味，最后淋少许醋即可出锅。

热菜 葱爆羊肉 准备20分钟 烹调5分钟

材料 羊肉片 300 克，大葱 150 克。

调料 腌肉料（酱油、料酒各 10 克，淀粉、花椒粉或胡椒粉少许），蒜片、料酒、酱油、醋各 5 克，香油少许。

做法

1 羊肉片洗净，腌肉料在碗内调匀，将羊肉片和腌料拌匀腌渍 15 分钟。

2 大葱洗净，斜切成段。

3 锅置火上，倒入油烧热，爆香蒜片，放入肉片大火翻炒，约 10 秒钟后将葱段入锅，稍翻炒后先沿着锅边淋入料酒烹香，然后立刻加入酱油翻炒一下，再沿锅边淋醋，滴香油，炒拌均匀，见大葱断生即可。

营养功效

羊肉和子姜在一起搭配，会增强抵御风寒的效果。

烹饪提示

用大火快炒，会使羊肉口感很嫩，肉丝融入子姜味，格外诱人，超级下饭。

营养功效

葱爆羊肉补阳、强腰、健肾，适合体弱虚寒和腰膝酸软的人食用。

烹饪提示

羊肉最好选择羊后腿肉，取其鲜嫩；大葱要炒透，充分发挥其葱香味。

热菜 孜然羊肉

准备 10 分钟　烹调 5 分钟

材料 新鲜羊里脊肉或羊后腿肉 300 克，香菜 20 克，熟白芝麻少许。

调料 孜然粒、盐、辣椒粉各 4 克。

做法

1 羊肉洗净，切片；香菜择洗干净，切段。

2 锅置火上，倒油烧至六成热，放入羊肉片煸炒，待肉片开始变色时加入孜然粒、辣椒粉、盐，不断翻炒。

3 待锅中的汁即将收干时，撒入香菜段、熟白芝麻即可。

烹饪提示

羊肉用温水浸泡一会儿，会减少其膻味。

热菜 清炖羊肉

准备 10 分钟　烹调 60 分钟

材料 羊肉 400 克，白萝卜 200 克。

调料 葱段、姜片各 20 克，花椒 2 克，盐 5 克，香油少许。

做法

1 羊肉和白萝卜洗净切块。

2 锅置火上，加清水、羊肉块煮开，撇去浮沫，捞出洗净。

3 砂锅加水置于火上，将羊肉块、白萝卜块、葱段、姜片、花椒放入砂锅中，锅开后改为小火慢炖至肉酥烂，加入盐、香油调味即可。

烹饪提示

炖羊肉时在水中加几粒花椒或红枣，可以有效去除膻气，并能提味增香。

热菜 炒羊排

准备 10 分钟　烹调 50 分钟

材料 羊排 500 克，青椒、红椒、蒜薹各 30 克。

调料 淀粉、孜然粒各 6 克，盐、辣椒粉、白糖各 5 克。

做法

1 羊排洗净，剁成 5 厘米左右的长段；青椒、红椒洗净，切圈；蒜薹洗净，切粒。

2 羊排放入高压锅里压熟，捞出后沥干，拍上淀粉，下油锅炸至金黄色。

3 锅内加油烧至六成热，放青椒圈、红椒圈和羊排翻炒，再加盐、辣椒粉、孜然粒、白糖煸炒，放蒜薹粒即可。

烹饪提示

炒羊排时可以稍微淋点炖羊排的汤，使其更易入味，还不会发干。

热菜 红烩羊肉

准备 15 分钟　烹调 50 分钟

材料 羊肉块 300 克，番茄块、洋葱丁各 50 克。

调料 番茄酱 50 克，面粉、料酒、酱油各 10 克，盐 4 克，胡椒粉 1 克。

做法

1 羊肉块洗净，撒面粉、胡椒粉拌匀，放油锅中煎黄，烹料酒和酱油，焖 2~3 分钟，盛出。

2 锅内倒油烧热，炒香洋葱丁，加番茄酱煸炒，倒入羊肉块、水烧开，加盐调味，改小火焖熟，加番茄块稍炖即可。

── 烹饪提示 ──

自制番茄酱：将 350 克番茄汁倒入锅中，加 50 克冰糖煮开后转小火熬至比较黏稠，挤柠檬汁，熬三四分钟即可。

热菜 麻辣羊肚丝

准备 10 分钟　烹调 10 分钟

材料 羊肚 300 克，冬笋、鲜红辣椒各 50 克。

调料 蒜片、水淀粉各 10 克，醋、料酒各 5 克，盐 4 克，花椒粉 1 克，香油少许，高汤适量。

做法

1 羊肚、冬笋、鲜红辣椒分别洗净切丝。

2 锅置火上，加油烧至五成热，下羊肚丝翻炒，烹入料酒，加入红辣椒丝、冬笋丝、盐和花椒粉，煸炒片刻后放入高汤和蒜片，烧开用水淀粉勾芡，淋入醋和香油即可。

── 烹饪提示 ──

炒肚丝时烹入醋，可以使肚丝软烂，去除膻味。

热菜 泡椒羊杂

准备 10 分钟　烹调 15 分钟

材料 羊心、羊肝、羊肺各 100 克，泡椒 30 克。

调料 豆瓣酱、姜片各 10 克，白糖、水淀粉各 5 克，盐 2 克。

做法

1 锅内加清水、羊心、羊肝和羊肺煮开，去血水，捞出，洗净切片；泡椒洗净切末。

2 锅内放油烧热，下姜片、豆瓣酱炒香，加入羊杂、泡椒末、盐、白糖炒熟，用水淀粉勾芡即可。

── 烹饪提示 ──

羊杂焯水时间不能过长；炒泡椒时火不能太大，避免将其炒苦。

PART

2

诱人禽蛋

富含蛋白质和矿物质的
进补首选

家常禽蛋预处理全图解

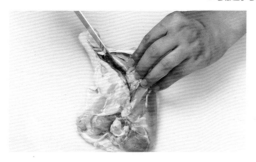

1 在鸡腿侧面剖一刀，露出鸡腿骨。

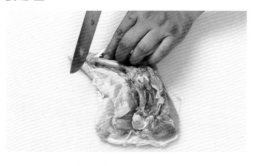

2 剥离鸡腿肉，敲断腿骨。

3 将腿骨周围的肉剥离开，取出腿骨。

4 将鸡腿肉摊开，厚的地方划花刀，再用刀背将其敲松。

鸭肉巧处理

1 鸭子用清水洗净。

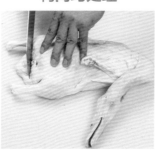

2 去除鸭尾部两端的臊豆。

3 用淘米水将鸭子浸泡半小时。

鸡翅巧处理

1 在两根骨头的连接点中间切一刀，可看到两根骨头。如果没看到，就再往深切点。

2 用刀在中间切断它们相连着的筋。

3 握住一根骨头，来回转几下。这样做是为了让骨肉分离。

4 用手拉住骨头一头，扭着往外拽，骨头就会被轻松取出来了。

鸡胗巧处理

1 撕去鸡胗表面的油和筋膜。

2 将鸡胗剖开，撕去黄色筋膜。

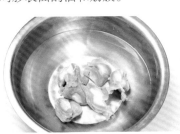

3 用清水洗净。

4 处理好的样子。

鸡肉

性味归经	性温，味甘，归脾、胃经
热　量	167千卡/100克可食部
功　效	益气养血、温补脾胃、强筋骨、益五脏、补虚损

○ 鸡汤中有从鸡油、鸡皮、肉和骨中溶解出来的水溶性小分子蛋白质及脂肪，常吃对人体有益，但最好将浮油撇去，以减少脂肪的摄入。

○ 鸡肉放在水龙头下，将肉和内脏的血水冲洗干净，去除多余脂肪即可。

○ 鸡屁股是淋巴最集中的地方，也是储存细菌、病毒和致癌物的仓库，不要食用。

○ 鸡汤会刺激胃酸分泌，所以胃酸过多、胃溃疡、胆囊炎和胆结石患者要少喝。

凉菜 棒棒鸡

准备 5分钟　烹调 30分钟

材料 鸡腿300克，炒熟花生仁碎30克，熟白芝麻10克，黄瓜丝50克。

调料 葱段、姜片、料酒、芝麻酱、辣椒油、香菜末各10克，酱油、花椒油、香油、白糖各5克，盐、花椒、花椒粉各2克。

做法

1 鸡腿洗净，放入锅中，加葱段、姜片、料酒、花椒、盐和清水烧开，改小火煮20分钟左右将鸡腿捞出，冲洗干净。

2 用木锤或肉锤将鸡肉组织锤散，然后用手将鸡腿肉撕成丝。

3 碗内放入酱油、芝麻酱、辣椒油、白糖、花椒油、香油、花椒粉调成味汁。

4 将鸡肉丝装盘，拌匀黄瓜丝，把调好的味汁淋在鸡肉丝上，撒上熟花生仁碎、熟芝麻和香菜末即可。

凉菜 麻酱鸡丝

准备 10 分钟　烹调 25 分钟

材料 鸡腿 300 克，红椒、黄瓜各 30 克。

调料 芝麻酱 20 克，醋 10 克，生抽、香油、蒜末各 5 克，白糖、盐各 3 克。

做法

1 鸡腿洗净；红椒去蒂及子，洗净切丝；黄瓜洗净，切丝；芝麻酱用少许凉白开调开。

2 将鸡腿煮 20 分钟后捞出，洗净，撕成丝。

3 鸡丝、黄瓜丝、红椒丝放容器内，加醋、生抽、香油、蒜末、白糖、盐、芝麻酱拌匀即可。

烹饪提示
在麻酱鸡丝中加入适量醋，可以解腥去腻，改善口感，还可以促进消化。

凉菜 香辣手撕鸡

准备 5 分钟　烹调 15 分钟

材料 鸡胸肉 300 克，青椒丝、红椒丝各 30 克，黄瓜丝 50 克。

调料 葱丝、蒜末、辣椒油各 10 克，香菜末、葱段、姜片、醋、料酒、花椒油各 5 克，盐、白糖各 4 克。

做法

1 鸡胸肉洗净。

2 锅内加清水、鸡胸肉、料酒、葱段、姜片、盐烧开，煮 10 分钟捞出，凉凉后用手撕成丝，装盘。

3 将醋、白糖、花椒油、辣椒油调成汁，淋在鸡丝上，撒葱丝、蒜末、香菜末、青椒丝、红椒丝和黄瓜丝拌匀即可。

烹饪提示
黄瓜丝和青、红椒丝最后再放，可保持清脆口感。

凉菜 白斩鸡

准备 10 分钟　烹调 30 分钟

材料 净膛三黄鸡 1 只（约 600 克），法香适量。

调料 葱段、姜片各 15 克，盐、草果各 5 克，香叶 3 克，大料 1 个，丁香 2 克，花雕酒 25 克。

做法

1 净膛三黄鸡焯水。

2 取小桶，加适量清水、盐、葱段、姜片、草果、香叶、大料、丁香、花雕酒烧沸，放三黄鸡，等汤再次煮沸改小火煨 5 分钟后关火，闷 10 ～ 15 分钟。

3 取出鸡，用冰水浸泡，取出，切片，用法香点缀即可。

凉菜 怪味鸡

准备 10 分钟　烹调 30 分钟

材料　鸡腿 300 克，熟白芝麻 5 克。

调料　芝麻酱 20 克，葱段、姜片、蒜末、姜末、醋、白糖、料酒各 5 克，香油、盐各 3 克，花椒 2 克。

做法

1 鸡腿清洗干净；将花椒、姜末炸香制成花椒油。

2 将鸡腿、葱段、姜片、料酒加清水烧开，改小火煮 20 分钟后捞出，过凉，洗净切块。

3 芝麻酱用凉白开调开，加醋、白糖、盐、香油、蒜末、花椒油调匀，淋在鸡肉块上，撒熟芝麻即可。

> **烹饪提示**
> 鸡腿过凉能让肉质更嫩。

热菜 宫保鸡丁

准备 10 分钟　烹调 8 分钟

材料　鸡腿肉丁 250 克，冬笋丁 75 克，去皮炸花生仁 25 克，鸡蛋清 1 个。

调料　干红辣椒段、料酒各 10 克，酱油、葱段各 20 克，姜末、盐、花椒各 3 克，水淀粉 30 克，蒜末、香油各 5 克，白糖、醋各 2 克。

做法

1 鸡腿肉丁加盐、10 克酱油、料酒、水淀粉、鸡蛋清抓匀；冬笋丁焯烫，控干；白糖、醋、10 克酱油、水淀粉调成味汁。

2 油烧热，炒香花椒、干红辣椒段，放鸡丁、冬笋丁煸炒，炒姜末、蒜末、葱段，烹味汁，淋香油，加花生仁翻匀即可。

热菜 田园炖鸡

准备 15 分钟　烹调 25 分钟

材料　鸡 1 只，玉米 200 克，土豆 150 克，洋葱 50 克，青柿子椒块、红柿子椒块各 30 克，少许生菜。

调料　盐 5 克，料酒、葱末、姜末、蒜末、酱油各适量。

做法

1 整鸡治净，切块，焯水，捞出；玉米洗净，切小块；土豆去皮，洗净，切块，洋葱洗净，切块。

2 锅内倒油烧热，放入葱末、姜末、蒜末煸香，倒入鸡块、酱油、料酒翻炒，加入适量开水大火烧开，加玉米、土豆炖至熟，再加入洋葱、柿子椒片稍炒，加盐调味，盛入容器后用少许生菜装饰即可。

热菜 板栗烧鸡

准备 15分钟　烹调 40分钟

材料 白条鸡300克，板栗肉100克。

调料 葱花、姜片、料酒、酱油、白糖各5克，高汤100克，盐4克，香油少许。

做法

1. 白条鸡洗净切块，加料酒腌渍10分钟；板栗肉洗净晾干。
2. 锅内倒油烧至六成热，下腌好的鸡块炸至金黄色捞出；板栗肉下锅炸熟捞出。
3. 锅内留底油，爆香姜片，下鸡块、酱油、料酒、盐、白糖，加高汤大火烧开，改小火焖至八成熟，加入炸好的板栗，焖至熟烂后，加香油调味，撒葱花即可。

热菜 特色蒜焖鸡

准备 10分钟　烹调 40分钟

材料 白条鸡半只，大蒜50克，青蒜20克。

调料 葱段、姜片、酱油、料酒各10克，生抽、白糖、盐各5克。

做法

1. 白条鸡洗净切块；大蒜切片；青蒜洗净切段。
2. 锅置火上，倒油烧至六成热时下鸡块，煸干水分盛出。
3. 锅内倒底油烧热，将葱段、姜片和蒜片爆香，放鸡块、酱油、料酒、生抽、白糖、盐翻炒，加适量水，加盖，焖至肉烂，加入青蒜段稍炒即可。

烹饪提示
酱油可以选择美极鲜的，口感非常好。

热菜 荷香糯米鸡

准备 1夜　烹调 1小时

材料 鸡腿肉250克，糯米100克，荷叶2片。

调料 葱段、姜片各5克，生抽、蚝油各10克，盐3克。

做法

1. 鸡腿肉洗净切块，加生抽、蚝油、盐、葱段、姜片腌制1夜；糯米洗净，浸泡；荷叶洗净。
2. 鸡肉块、糯米和生抽拌匀。
3. 将糯米和鸡肉块放荷叶上，包起来，用棉线捆实。
4. 锅内加水置火上烧开，把包好的糯米鸡放入锅内蒸50分钟即可。

烹饪提示
拌糯米和鸡时，要根据糯米的多少加适量水，使蒸出的糯米粒粒分明为好。

糟卤翅尖

准备 10 分钟　烹调 2.5 小时

材料　鸡翅尖 300 克。

调料　白糖 30 克，酱油、姜片、蒜片各 15 克，大料、桂皮、干红辣椒各 5 克，糟卤适量。

做法

1　鸡翅尖洗净控干，用刀划开。

2　锅内放少许油，加白糖熬制糖色，加姜片、蒜片、大料、桂皮、干红辣椒、酱油炒香，倒清水烧开后下翅尖，改中火煮 15 分钟。

3　煮熟的鸡翅放糟卤中浸泡，2 小时后即可。

> **烹饪提示**
> 卤制的时间越长，鸡翅越入味。

热菜 可乐鸡翅

准备 10 分钟　烹调 20 分钟

材料　鸡翅 300 克，可乐 1 罐。

调料　葱段、姜片、酱油各 5 克，大料 1 个，花椒 2 克。

做法

1　鸡翅洗净，每个用刀划两个口子。

2　锅置火上，倒油烧至六成热，下鸡翅煎黄后捞出。

3　锅内留底油，加葱段、姜片、花椒、大料煸出香味，下鸡翅，加酱油和可乐，大火烧开后改小火，炖至汤汁将尽即可。

> **烹饪提示**
> 鸡翅最好选用翅中，可乐用一般的可乐即可，不要用低糖可乐。

凉菜 泡椒凤爪

准备 10 分钟　烹调 2 小时

材料　鸡爪（凤爪）300 克，泡椒 50 克。

调料　姜片、料酒、白醋各 10 克，葱段 5 克，盐、白糖各 4 克，花椒 2 克，大料 1 个。

做法

1　鸡爪洗净、剁去趾甲，用刀从中间划开。

2　锅内加清水、鸡爪、葱段、姜片、料酒、大料、花椒和盐烧开，煮 45 分钟，捞出凉凉。

3　碗内放凉白开，加白醋、白糖、盐、泡椒、姜片，放鸡爪，泡 1 小时即可。

> **烹饪提示**
> 鸡爪不要煮得太烂，以免失去鲜脆的口感；可以根据个人口味增减调料的量。

凉菜 家常卤鸡脖

准备 10分钟　烹调 50分钟

材料　鸡脖 300 克。

调料　姜片、葱段、白糖、老抽、料酒各 10 克，盐 5 克，大料、花椒、丁香、砂仁、豆蔻、桂皮、小茴香、干红辣椒、香叶、红腐乳各适量。

做法

1 鸡脖洗净，去皮。

2 锅内放清水、鸡脖、姜片、葱段、盐、白糖、老抽、料酒、大料、花椒、丁香、砂仁、豆蔻、桂皮、小茴香、干红辣椒、香叶、红腐乳烧开，中火卤煮 15 分钟，改小火再煮 30 分钟即可，捞出凉凉即可。

烹饪提示

最好在鸡脖上扎几个小孔，更易入味。

热菜 小炒鸡胗

准备 15分钟　烹调 5分钟

材料　鸡胗 200 克，蒜薹段 50 克，泡椒段 20 克，泡姜片 10 克。

调料　料酒、酱油各 5 克，盐 4 克，姜丝 2 克，胡椒粉少许。

做法

1 鸡胗洗净切片，加姜丝、料酒、酱油和盐拌匀腌渍 10 分钟。

2 锅内倒油烧热，下鸡胗翻炒至变色，盛出。

3 锅烧热放油，下泡椒段和泡姜片煸炒半分钟后倒入蒜薹段，炒至将熟时放入炒好的鸡胗，加盐、胡椒粉调味即可。

烹饪提示

腌渍鸡胗时加少许料酒可以去除鸡胗的腥味。

热菜 青椒炒鸡杂

准备 15分钟　烹调 5分钟

材料　鸡杂 250 克，青椒 50 克。

调料　葱丝、姜片、酱油、料酒各 10 克，盐 3 克，香油少许。

做法

1 鸡杂洗净切块，用酱油、料酒腌渍 10 分钟，青椒去蒂及子，洗净切丝。

2 锅置火上，倒油烧至五成热，下葱丝、姜片，炒出香味后把鸡杂倒入，加酱油、料酒、盐翻炒 1 分钟，加入青椒丝，最后点香油即可。

烹饪提示

鸡杂和青椒要大火快炒，这样能保持清脆口感。

鸭肉

适宜人群	一般人群，尤其适合营养不良、产后病后虚弱、食欲不振、大便干燥和水肿的人
慎食人群	痛经、腰腹部冷痛、腹泻患者

性味归经	性寒，味甘、咸，归脾、胃、肺、肾经
热量	262千卡/100克可食部
功效	滋阴养血、益胃生津、利水消肿

以老鸭和冬瓜煲成汤喝，可帮助健胃、消暑、除湿。

鸭肉最好购买一两次即可吃完的量，买回来应尽快分切，并用保鲜袋分封装好，最好当天食用。隔日食用宜放冷藏室或冷冻室保存。

热菜 啤酒鸭

准备 5分钟　烹调 50分钟

材料　鸭子半只，啤酒500克。

调料　葱段、姜片、蒜瓣、白糖各5克，生抽、老抽各10克，干辣椒、盐各4克，大料2个。

做法

1　将鸭子洗净剁成块。

2　锅置火上，倒油烧至五成热，下姜片、蒜瓣、干辣椒、大料炒香，下鸭肉块炒至水分收干，加盐、生抽、老抽、白糖继续翻炒，倒入啤酒，大火烧开后，改成中小火焖煮40分钟。

3　加入葱段炒匀即可。

烹饪提示

用啤酒可以增加鸭肉的鲜味，使其味道更加独特浓厚，清香不腻。

热菜 五味鸭

准备 15分钟　烹调 50分钟

材料　鸭半只。

调料　葱段、姜片、蒜瓣、腐乳各 10 克，料酒、老抽、白糖、醋各 20 克，盐 4 克，大料 2 个。

做法

1. 鸭洗净切块，加老抽、料酒腌渍 10 分钟。
2. 锅内倒油烧热，下鸭块炸至金黄色捞出。
3. 锅内留底油烧热，爆香葱段、姜片、大料、蒜瓣，放鸭块，加料酒、老抽、腐乳、盐和清水烧开，转成小火后炖 40 分钟后捞出。
4. 锅内放醋和白糖，加热熬成汁后浇在鸭块上即可。

热菜 子姜烧鸭

准备 15分钟　烹调 50分钟

材料　鸭 400 克，子姜 50 克。

调料　料酒 10 克，蒜片、盐各 4 克，花椒 1 克，香油少许。

做法

1. 鸭洗净切块，用料酒和少许盐腌渍 10 分钟；子姜洗净切丝。
2. 锅置火上，倒油烧至五成热，下花椒、蒜片、子姜丝爆香，倒入鸭块，加料酒、盐继续翻炒，加适量清水焖烧。
3. 待鸭肉熟软入味后，点香油调味即可。

> **烹饪提示**
>
> 鸭肉中加入子姜，可以去除鸭肉的土腥味，起提味增鲜的作用。

热菜 芋头烧鸭

准备 15分钟　烹调 50分钟

材料　鸭 400 克，净芋头 100 克。

调料　葱段、姜片、蒜瓣、料酒各 10 克，盐、白糖各 5 克，老抽 15 克，大料 2 个，胡椒粉少许。

做法

1. 鸭洗净剁成块。
2. 锅内放适量冷水，放入鸭块、姜片和少许料酒，烧开后捞出洗净；芋头蒸熟后去皮切块。
3. 锅内放油，烧至五成热，加大料、葱段、蒜瓣爆香，倒入鸭块，加老抽、料酒、胡椒粉、白糖和盐翻炒，倒水烧开后，改为小火炖 30 分钟，加入芋头块焖至入味即可。

凉菜 麻辣鸭脖

准备 10分钟　烹调 40分钟

材料　鸭脖300克。

调料　干辣椒、葱段各15克，花椒4克，老抽、酱油、料酒、冰糖、姜片各10克，盐3克，肉蔻、陈皮、甘草、香叶、大料、桂皮各适量。

做法

1 鸭脖洗净，去皮，切长段，放入加葱段、姜片、料酒、清水的锅中煮开，去血水，捞出。

2 油烧热，炒香葱段、姜片、干辣椒、花椒，倒清水、酱油、老抽、冰糖、盐、甘草、肉蔻、陈皮、香叶、大料、桂皮烧开，放鸭脖煮沸，转小火焖煮30分钟至汤汁浓稠，捞出凉凉即可。

凉菜 香糟鸭舌

准备 5分钟　烹调 135分钟

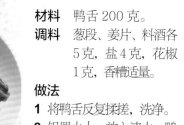

材料　鸭舌200克。

调料　葱段、姜片、料酒各5克，盐4克，花椒1克，香糟适量。

做法

1 将鸭舌反复揉搓，洗净。

2 锅置火上，放入清水，鸭舌冷水入锅，加葱段、姜片、花椒、料酒和盐烧开，改中小火煮10分钟左右，捞出凉凉。

3 将煮好的鸭舌放入碗内，加适量香糟，泡2小时左右即可。

> **烹饪提示**
> 鸭舌一定要反复揉搓，可以加少许盐，将脏物全部洗净；鸭舌不要煮太老，要保持其韧性。

热菜 香辣爆鸭胗

准备 15分钟　烹调 10分钟

材料　鸭胗300克，青辣椒段、红辣椒段各20克。

调料　葱丝、姜丝、蒜末、料酒、老抽各10克，干辣椒、盐、白糖各4克，淀粉3克，花椒1克。

做法

1 鸭胗用盐搓洗，洗净，撕掉白筋和黄膜，切片，加料酒、姜丝、白糖、淀粉腌渍。

2 锅内放油烧热，爆香花椒、干辣椒、葱丝、姜丝、蒜末，倒鸭胗翻炒至变色，放老抽、料酒、盐调味，倒入青辣椒段、红辣椒段炒1分钟即可。

> **烹饪提示**
> 加少量盐搓洗鸭胗，可以有效杀菌、去异味。

鹌鹑

性味归经	性平，味甘，入大肠、心、肝、脾、肺、肾经
热　量	110千卡/100克可食部
功　效	补中益气、清利湿热

适宜人群　一般人群均可食用，特别适合中老年人以及高血压、肥胖症患者

慎食人群　感冒者

鹌鹑肉是高蛋白、低脂肪的食物，热量也较低，适宜减肥期间食用。

鸡蛋

性味归经	性平，味甘，归脾、胃经
热　量	144千卡/100克可食部
功　效	补充气血、健脑益智、强健体质、促进发育

适宜人群　一般人群，尤其是生长发育期的婴幼儿和青少年

慎食人群　冠心病、高胆固醇血症及肾病患者

鸡蛋不含维生素C，但有丰富的维生素E和维生素A，可以与富含维生素C的食材搭配，有助于铁的吸收，也能避免维生素C在烹调中流失。

鸭蛋

性味归经	性凉，味甘、咸，入肺、脾经
热　量	190千卡/100克可食部
功　效	滋阴、清肺、预防骨质疏松

适宜人群　一般人群，尤其是骨质疏松者

慎食人群　幼儿、孕妇、高血压、肾病和水肿病人不宜多吃咸鸭蛋

咸鸭蛋的含钠量约占一天钠总摄入量的71%，食用时，宜搭配清淡饮食，同时减少用盐，才不会造成身体负担。

皮蛋

性味归经	性寒，味涩、咸，归肺、大肠经
热　量	171千卡/100克可食部
功　效	醒酒、去大肠热、帮助消化

适宜人群　一般人群

慎食人群　幼儿、心血管疾病患者

若有口腔溃烂的情况，可食皮蛋豆腐来改善。

皮蛋和青椒都能帮助消化，青椒还具有促进脂肪代谢的功效，二者搭配食用不仅味美，还更有营养。

热菜 香酥鹌鹑 准备5分钟 烹调30分钟

材料 净鹌鹑块 300 克。

调料 葱段、姜片、酱油、白糖、料酒各 10 克，淀粉、盐各 4 克。

做法

　　鹌鹑块焯水，捞出，放碗中，加葱段、姜片、料酒、盐、白糖、酱油、水，蒸 20 分钟，取出，拌匀淀粉和水，炸焦黄即可。

热菜 红烧鹌鹑 准备5分钟 烹调20分钟

材料 净鹌鹑块 300 克，胡萝卜丁 50 克。

调料 葱段、姜片、蒜片、老抽、白糖、料酒各 10 克，盐 4 克。

做法

1 油锅烧热，爆香葱段、姜片、蒜片，倒鹌鹑块，放老抽、料酒、盐、白糖、水烧开。

2 煨 10 分钟，倒胡萝卜丁焖熟即可。

热菜 番茄炒鸡蛋 准备5分钟 烹调5分钟

材料 鸡蛋 3 个，番茄块 200 克。

调料 葱花、白糖各 5 克，盐 4 克。

做法

1 鸡蛋磕入碗中，打散。

2 锅内加油烧热，倒入蛋液炒熟成蛋碎。

3 锅留底油烧热，煸香葱花，倒番茄块、白糖翻炒，倒鸡蛋碎、盐炒匀即可。

热菜 苦瓜煎蛋 准备5分钟 烹调8分钟

材料 鸡蛋 3 个，苦瓜 150 克。

调料 葱末 5 克，盐 4 克，胡椒粉、料酒各少许。

做法

1 苦瓜洗净，切丁；鸡蛋打散；将二者混匀，加葱末、盐、胡椒粉和料酒调匀。

2 锅置火上，倒入油烧至六成热，倒入蛋液，煎至两面金黄即可。

热菜 赛螃蟹　准备20分钟　烹调5分钟

材料　鸡蛋 3 个。

调料　葱末、姜末、蒜末、白糖各 15 克，醋 20 克，料酒、生抽各 5 克，盐少许。

做法

1 鸡蛋分离出蛋清、蛋黄搅匀；调料放入碗中搅匀放置 15 分钟制成调料汁。

2 蛋清、蛋黄分别炒至半凝固状盛出，调料汁过滤后淋在上面即可。

热菜 虎皮卤蛋　准备5分钟　烹调20分钟

材料　炸鸡蛋 4 个。

调料　葱段、姜片、白糖、蚝油各 5 克，料酒、老抽各 10 克，盐 3 克，干辣椒、大料、香叶各适量。

做法

　　油锅烧热，爆香葱段、姜片、干辣椒，放料酒、老抽、蚝油、盐、白糖、大料、香叶、水烧开，放鸡蛋卤 15 分钟即可。

热菜 咸蛋黄炒苦瓜　准备20分钟　烹调5分钟

材料　苦瓜片 250 克，咸鸭蛋黄 2 个。

调料　料酒 10 克，盐 2 克，白糖、葱末、蒜末各 5 克。

做法

1 咸蛋黄蒸熟，碾成末。

2 油烧热，爆香葱末、蒜末，放蛋黄末炒至出现泡沫状，加少许料酒，下入苦瓜片翻炒至熟，加盐、白糖调味即可。

热菜 咸蛋黄烧茄子　准备5分钟　烹调12分钟

材料　茄子条 300 克，熟咸鸭蛋黄丁 50 克。

调料　葱末、姜末、蒜末各 5 克，醋 3 克，盐 1 克。

做法

1 锅内倒油烧热，下茄条炸至金黄色盛出。

2 油锅烧热，煸香葱末、姜末、蒜末，倒咸鸭蛋黄丁，下茄条、清水、盐和醋烧开，转小火煨 5 分钟即可。

热菜 咸蛋黄焗玉米 准备5分钟 烹调10分钟

材料　罐头玉米粒200克，熟咸鸭蛋黄50克。
调料　淀粉30克。
做法
1 倒出玉米粒，控干，和淀粉拌匀，炸至金黄色捞出；熟咸鸭蛋黄研碎。
2 油锅烧热，下咸鸭蛋黄碎翻炒至起沫，倒入玉米粒，翻炒均匀后即可。

凉菜 凉拌皮蛋 准备3分钟 烹调6分钟

材料　皮蛋4个。
调料　葱末、姜末各10克，姜蒜汁、蚝油、生抽、醋各5克。
做法
1 皮蛋去壳，切块；将蚝油、生抽、醋、姜蒜汁、葱末、姜末调成味汁。
2 将味汁倒在皮蛋上即可。

凉菜 皮蛋豆腐 准备5分钟 烹调2分钟

材料　豆腐400克，皮蛋1个。
调料　香葱末10克，生抽5克，盐3克，香油少许。
做法
1 豆腐洗净切大片；皮蛋去皮切碎。
2 豆腐片放入盘中，加生抽、盐、香油、皮蛋碎拌匀，撒香葱末即可。

热菜 黄瓜炒皮蛋 准备5分钟 烹调5分钟

材料　黄瓜200克，皮蛋2个。
调料　姜末、蒜末各5克，干辣椒、盐各4克。
做法
1 黄瓜洗净切片；皮蛋去皮，切块。
2 油锅烧热，爆香姜末、蒜末、干辣椒，倒黄瓜片煸炒，加皮蛋块，放盐炒熟即可。

鲜香水产

提供丰富的矿物质和优质蛋白质

家常水产品预处理全图解

鲤鱼巧处理

1 鲤鱼放案板上，去鱼鳞，洗净。

2 去掉鱼鳍和鱼鳃。

3 剖开鱼肚，去掉内脏，并去掉腥腺。

4 用清水洗净。

草鱼巧处理

1 草鱼放案板上，去鱼鳞，洗净。

2 去掉鱼鳍和鱼鳃。

3 剖开鱼肚，去掉内脏。

4 用清水洗净。

鳝鱼巧处理

1 用刀背拍鳝鱼头部，将其拍晕。

2 用手将鱼嘴掰开。

3 剖开鱼身，取出内脏。

4 用淡盐水洗净。

鱿鱼巧处理

1 鱿鱼冲洗干净后挤去眼睛。

2 挤去牙齿。

3 去白色吸盘、内脏和软骨。

4 撕掉鱿鱼背部的黑膜即可。

螃蟹巧处理

1 浸泡10分钟，刷洗净。

2 揭去蟹壳，除去蟹鳃等杂物。

3 掰下蟹脚和蟹钳。

4 再用清水冲洗干净即可。

虾巧处理

1 用剪刀剪去虾须。

2 剪去虾足。

3 将牙签从虾背第二节上的壳间穿过。

4 挑出虾线，洗净即可。

贝类巧处理

1 蛤蜊用清水冲洗一下。

2 盆中加清水，放少许盐、香油。

3 泡3~4小时后，蛤蜊的沙子吐得差不多了，再次洗净即可。

海参巧处理

1 用温水将干海参浸泡略软。

2 放凉水锅中，小火煮20分钟。

3 煮至能掐透侧面肉。

4 加冰块冷藏，四五天后即可食用。

鲤鱼

性味归经	性平，味甘，入脾、肾、肺经
热　量	109千卡/100克可食部
功　效	健脑益智、安胎、通乳

○ 上等的鲤鱼色泽鲜艳，两鳃鲜红。

○ 鲤鱼买回家后可放入清水中养上2~3天，这样不但能使鲤鱼保鲜，还能去掉鲤鱼的土腥味。

○ 鲤鱼肉是发物，皮肤病患者不宜食用。

热菜 熘鱼片　准备 15分钟　烹调 10分钟

材料 鲤鱼肉 300 克，水发木耳 20 克。

调料 料酒、生抽各 10 克，葱丝、姜丝各 5 克，白糖、盐各 4 克，淀粉、水淀粉各适量，香油少许。

做法

1 鱼肉洗净切片，用淀粉、料酒抓匀；木耳洗净，撕成小块。

2 锅置火上，倒入清水烧开，下鱼片焯熟后捞出控干；木耳入开水焯一下捞出。

3 锅内倒油，烧至五成热，下葱丝、姜丝爆香，倒入鱼片，加生抽、料酒、盐、白糖调味，倒入木耳翻炒均匀后，用水淀粉勾芡，点香油调味即可。

营养功效
鲤鱼含有优质蛋白质，利于人体吸收。

烹饪提示
鱼片焯的时间不能过长，避免焯老。

热菜 糖醋鲤鱼

准备 15分钟　烹调 15分钟

材料　净鲤鱼1条。

调料　白糖、醋各30克，酱油、料酒各15克，葱段、姜片、蒜片各10克，盐4克，高汤250克，水淀粉适量。

做法

1　鲤鱼洗净，划几刀，加盐和料酒腌渍，炸至金黄色捞出；醋、白糖、酱油、料酒、高汤、水淀粉、盐调成味汁。

2　油锅烧热，爆香葱段、姜片、蒜片，倒调味汁，稍煮浇在炸好的鱼身上即可。

烹饪提示

炸整条鱼时可以用手拎着鱼尾，边炸边将热油淋在鱼身上，等到定型后再将整条鱼放入锅中。

热菜 红烧鲤鱼块

准备 15分钟　烹调 20分钟

材料　净鲤鱼1条。

调料　葱段、姜片、蒜片、白糖、醋、生抽各5克，料酒10克，盐4克，淀粉、胡椒粉各适量。

做法

1　鲤鱼洗净剁成块，加姜片、料酒、盐、胡椒粉腌渍，炸至金黄色捞出；用生抽、白糖、醋、盐、料酒、淀粉、水调成味汁。

2　油锅烧热，爆香葱段、蒜片，倒味汁烧开，下入鱼块焖5分钟即可。

烹饪提示

在靠近鲤鱼鳃部划小口，可见腥线，一手轻轻拍打鱼身，一手用力捏住腥腺，即可抽出，可去腥味。

热菜 四川豆瓣鱼

准备 15分钟　烹调 25分钟

材料　净鲤鱼1条，辣豆瓣酱50克。

调料　葱段、姜片、蒜片、白糖、酱油各10克，料酒15克，盐4克，香油少许。

做法

1　鲤鱼洗净，用刀在鱼身上划几条口子，用少许料酒、盐、姜片腌渍10分钟。

2　锅置火上，倒油烧至七成热，将鱼煎至两面呈金黄色捞出。

3　锅内留底油，下辣豆瓣酱炒香，加入葱段、姜片、蒜片、白糖、酱油、料酒、盐和适量水，烧开后将鱼放置锅中，炖15分钟左右，鱼熟后点香油调味即可。

草鱼

适宜人群	一般人群均可食用，尤其适合心血管疾病、风湿头痛、高血压患者
慎食人群	皮肤病患者应少吃

性味归经	性温，味甘，入肝、胃经
热　量	113千卡/100克可食部
功　效	明目、开胃、益寿养颜

○ 草鱼和豆腐搭配食用，有补中调胃的作用。

○ 在活草鱼的鼻孔里滴一两滴白酒，再放入冰箱冷藏，可使草鱼保鲜2~3天。

○ 草鱼一次不能吃得过多，不然有可能诱发疮疥病。

凉菜 沙茶拌鱼条 准备15分钟 烹调5分钟

材料　净草鱼肉条250克，水发木耳30克。

调料　沙茶酱30克，葱段、姜片、酱油、料酒、橄榄油、白糖各10克，盐3克。

做法

1 草鱼肉条加葱段、姜片、料酒和2克盐腌渍10分钟，焯熟；木耳洗净，撕成小片，焯熟；沙茶酱、酱油、料酒、橄榄油、1克盐和白糖调成味汁。

2 将味汁浇在鱼片和木耳上，拌匀即可。

热菜 麻辣鱼柳 准备25分钟 烹调15分钟

材料　净草鱼肉条300克，干红辣椒段15克。

调料　葱段、姜片、蒜片、料酒各10克，花椒2克，盐4克，淀粉适量。

做法

1 草鱼肉条用葱段、姜片、料酒和少许盐腌渍20分钟，裹上淀粉，炸至金黄色捞出。

2 油锅烧热，爆香葱段、姜片、蒜片、花椒、辣椒段，倒鱼柳，加盐翻炒熟即可。

热菜 滑熘鱼片

准备 15 分钟　烹调 15 分钟

材料 净草鱼肉片 250克，山药 100 克，水发木耳 50 克，鸡蛋清 1 个。

调料 葱丝、姜丝、蒜片、白糖各 5 克，料酒 10 克，盐 4 克，淀粉、水淀粉各适量，胡椒粉少许。

做法

1 草鱼肉片用鸡蛋清、姜丝、料酒、淀粉、胡椒粉和盐腌渍，炸黄；山药洗净，去皮，切片；木耳洗净，撕小朵。

2 油锅烧热，爆香葱丝、姜丝、蒜片，下鱼片、料酒、白糖翻炒，倒木耳和山药片炒熟，加盐调味，用水淀粉勾芡即可。

热菜 酸菜鱼

准备 20 分钟　烹调 25 分钟

材料 净草鱼 1 条，酸菜 100 克，野山椒段 20 克，鸡蛋清 1 个。

调料 葱段、蒜瓣各 20克，盐、白糖各 5克，姜片、料酒各 15 克，干辣椒、胡椒粉、花椒各适量。

做法

1 草鱼洗净，将肉和鱼骨分离，鱼肉片成片，鱼骨剁成段，用蛋清、料酒、姜片、胡椒粉和盐腌渍 15 分钟。

2 锅内倒油烧热，炸香花椒、干辣椒，下葱段、蒜瓣、野山椒段和酸菜煸炒。

3 倒入清水烧开，下鱼骨和鱼头煮 3 分钟，下鱼片再次烧开后转小火，焖烧 15 分钟即可。

热菜 西湖醋鱼

准备 15 分钟　烹调 25 分钟

材料 活草鱼 1 条（约700 克）。

调料 姜块 15 克，姜末 5克，白糖 60 克，醋50 克，酱油、料酒各 25 克，水淀粉、香菜段各适量。

做法

1 草鱼治净，对半开子母片（一边带骨为母片，一边不带骨是子片）备用。

2 锅中加清水烧开，下姜块、料酒 15 克，先下母片后下子片，用小火烧至鱼浸熟，出锅装盘备用。

3 锅上火，取煮鱼的原汤350 克加入酱油、10克料酒、白糖、姜末及醋烧开，用水淀粉勾芡后浇到鱼身上，撒上香菜段即可。

鲫鱼

性味归经　性平，味甘，入脾、胃、大肠经

热　　量　108千卡/100克可食部

功　　效　强化骨质、美肤平皱、促进乳汁分泌

○ 鲫鱼在烹制前一定要洗净肚内的黑色腹膜，因为它腥味较重，且含有有害物质。

○ 鲫鱼和豆腐同食，有消肿利湿的功效。

○ 鲫鱼要吃新鲜的，有红斑或者溃疡的不能吃，对身体有害。

凉菜 葱酥鲫鱼　　准备 40分钟　烹调 30分钟

材料　鲫鱼2条，水发香菇片50克。

调料　葱段、鲜汤各150克，泡辣椒段35克，香葱段、姜片、醪糟汁各50克，盐5克，糖色少许，香油、料酒、醋各10克。

做法

1 鲫鱼治净，切花刀，涂盐和料酒，在鱼肚中塞姜片、50克葱段，码味30分钟；取出姜葱，把鱼放油锅中炸至金黄色捞出。

2 锅内倒油烧热，炒香泡辣椒段、20克葱段，加鲜汤、盐、料酒、醋、糖色炒成味汁。

3 50克葱段整齐排在锅底，将鱼顺序摆在排好的葱段上，水发香菇片、泡椒段排在鱼身上，将30克葱段放鱼身上，用小火浓缩调味汁，待调味汁剩余一半，将鱼翻面，加醪糟汁、香油调味。

4 盘中用香葱垫底，将鱼摆在香葱上，再取泡辣椒段摆在鱼身上凉凉即可。

热菜 回锅鲫鱼 准备 20分钟 烹调 15分钟

材料 净鲫鱼 500 克，青蒜 30 克，青椒片、红椒片各 10 克。

调料 郫县豆瓣酱 30 克，甜面酱、料酒各 10 克，干红辣椒、葱段、姜片、蒜片、白糖、老抽各 5 克，盐 2 克，淀粉适量。

做法

1 鲫鱼洗净剁成块，用料酒、姜片、盐和淀粉抓匀，腌渍 15 分钟；青蒜洗净切段；干红辣椒切段。

2 锅内倒油烧热，下鱼块炸黄捞出。

3 锅内留底油，烧热后下郫县豆瓣酱炒香，下葱段、蒜片爆炒，倒鱼块，加老抽、白糖、甜面酱翻炒均匀，放入青蒜段、青椒片、红椒片翻炒熟即可。

热菜 干烧鲫鱼 准备 20分钟 烹调 20分钟

材料 净鲫鱼 400 克，肥瘦猪肉 50 克。

调料 葱段、料酒、酱油、辣豆瓣酱各 10 克，姜末、醋、白糖各 5 克，盐 4 克，淀粉适量，香油少许。

做法

1 鲫鱼洗净，在鱼身上划几刀，用盐、料酒、淀粉腌渍 15 分钟；肥瘦猪肉洗净切丁。

2 锅置火上，倒油烧至七成热，下鲫鱼煎至两面金黄。

3 锅内留底油加热，下猪肉丁、姜末、辣豆瓣酱炒香，然后加入料酒、酱油、白糖、盐、醋和少许水，烧开后放鲫鱼，开锅后转小火焖 5 分钟，大火收汁，点香油，撒葱段即可。

营养功效
鲫鱼的不饱和脂肪酸有利于心血管健康，可减少胆固醇的堆积。

烹饪提示
青蒜要最后再放，保持其鲜嫩清香。

烹饪提示
因为是干烧，所以水要少放，但要注意火候，不能煳底。

鲢鱼

性味归经　性温，味甘，入脾、胃经

热　量　104千卡/100克可食部

功　效　健脑益智、延缓衰老、健脾胃

○ 鲢鱼适用于烧、炖、清蒸等烹调方法。

○ 鲢鱼搭配丝瓜同食，有补血、通乳的作用。

○ 鲢鱼的肝、胆均含毒素，烹制前应去除，以免引起中毒。

热菜 清炒鱼片　准备25分钟　烹调12分钟

材料　净鲢鱼肉300克，水发木耳20克，青椒片30克，鸡蛋清1个。

调料　葱丝、姜丝、蒜片、白糖各5克，料酒10克，盐4克，淀粉适量。

做法

1 鲢鱼肉洗净切片，用鸡蛋清、姜丝、料酒、淀粉和少许盐腌渍20分钟。

2 锅置火上，加水烧开，下鱼片焯熟后捞出控干；木耳焯水捞出。

3 锅内倒油烧热，爆香葱丝、蒜片，倒入鱼片，加盐、白糖翻炒，倒入木耳和青椒片，炒熟即可。

烹饪提示

鱼片翻炒时要小心，不要将鱼片炒散。

热菜 鲢鱼炖豆腐

准备 15 分钟　烹调 25 分钟

材料 鲢鱼 600 克，豆腐 300 克。

调料 辣豆瓣酱 20 克，葱段、姜片、蒜片各 10 克，干辣椒 5 克，料酒 15 克，盐 4 克，葱花少许。

做法

1 鲢鱼治净剁块，加料酒和盐腌渍 10 分钟；豆腐洗净切块，焯水。

2 锅内倒油烧热，炒香干辣椒，放辣豆瓣酱、葱段、姜片、蒜片和鱼块翻炒，倒清水烧开，10 分钟后放豆腐块烧开，转小火炖 10 分钟，撒葱花即可。

烹饪提示
豆腐可以稍微多炖一会儿，便于入味。

热菜 茄汁鲢鱼

准备 15 分钟　烹调 20 分钟

材料 净鲢鱼尾 1 条，番茄酱 50 克。

调料 姜片、料酒、酱油、醋各 10 克，葱丝 5 克，白糖 20 克，盐 2 克，淀粉、水淀粉各适量。

做法

1 鱼尾洗净，剔除尾骨，划几刀，用盐、料酒、姜片腌渍 10 分钟，裹上淀粉，下油锅中炸至金黄色捞出。

2 锅内留底油烧热，下番茄酱煸炒，加葱丝、酱油、白糖、醋翻炒，倒清水烧开，加水淀粉勾芡，均匀地浇在鱼尾上即可。

烹饪提示
鲢鱼的鱼尾小刺比较多，炸制的时候要炸酥炸透。

热菜 清蒸鲢鱼

准备 25 分钟　烹调 20 分钟

材料 净鲢鱼 1 条，香菜段 20 克。

调料 葱段、姜片、盐各 5 克，料酒 10 克，胡椒粉少许。

做法

1 鲢鱼治净，在鱼身上划几刀，用料酒、胡椒粉和盐腌渍 20 分钟，放在蒸盘内，在鱼身上摆好姜片、葱段。

2 蒸锅置火上，开锅后将鱼盘放入锅内，大火蒸 10 分钟后，将鱼取出，拿掉葱段、姜片。

3 锅内倒入油烧热，将油均匀浇在鱼身上，撒上香菜段即可。

烹饪提示
鲢鱼清蒸时要多放葱姜，在鱼身上划几刀有助于入味。

带鱼

性味归经	性温，味甘、咸，归肝、脾经
热　　量	127千卡/100克可食部
功　　效	防癌抗癌、降压强心、补脑益智

○ 清洗带鱼时水温不可过高，也不要刮掉鱼体表面的银色物质，以防银脂流失，损失营养。

○ 木瓜和带鱼搭配食用，有补虚、通乳的作用。

热菜 红烧带鱼　准备 25分钟　烹调 25分钟

材料　净带鱼段 400 克，鸡蛋 1 个。

调料　葱段、姜片、蒜瓣、老抽、白糖、醋、料酒各 10 克，盐 5 克，淀粉适量。

做法

1 带鱼洗净，用料酒和盐腌渍 20 分钟；鸡蛋磕入碗内打散，将腌好的带鱼放入碗内；将老抽、白糖、料酒、盐、醋、淀粉和适量清水调成味汁。

2 锅置火上，倒油烧至六成热，将裹好蛋液的带鱼段下锅煎至两面金黄色捞出。

3 锅内留底油烧热，下姜片、蒜瓣爆香，倒入味汁，放带鱼段，烧开后改小火炖 10 分钟左右，汤汁浓稠时，撒葱段即可出锅。

烹饪提示

鱼身有银灰光泽，鱼肉有弹性的带鱼比较新鲜。

热菜 香煎带鱼　准备 15分钟　烹调 15分钟

材料　净带鱼 400 克，面粉 30 克。

调料　盐 4 克，料酒 10 克。

做法

1 带鱼洗净切段，用盐、料酒腌渍 20 分钟。

2 将腌好的带鱼均匀地裹上面粉。

3 锅置火上，倒油烧至六成热，下带鱼段用中火煎至两面呈金黄色即可。

热菜 剁椒蒸带鱼　准备 25分钟　烹调 12分钟

材料　净带鱼段 400 克，剁椒 30 克。

调料　葱末、姜末各 5 克，料酒 10 克，盐 3 克。

做法

1 带鱼段洗净，加少许盐、料酒和姜末腌渍 20 分钟，摆入盘中，铺上剁椒。

2 蒸锅置于火上，大火烧开，将盛有带鱼的盘子放入，大火蒸 8 分钟左右取出，撒上葱末即可。

营养功效

带鱼有滋阴、补气、养肝、润泽肌肤等功效。

烹饪提示

煎制带鱼段时要注意火候，减少翻动，避免将鱼肉弄碎。

烹饪提示

用蒸制的手法可以最大限度保存带鱼的营养，加入剁椒后可以去除带鱼的腥味。

鳝鱼

性味归经	性温，味甘，归肝、脾、肾经
热 量	89千卡/100克可食部
功 效	预防心血管疾病、活化脑细胞、抗癌、调节血糖

○ 鳝鱼最好现宰现烹饪食用，因为鳝鱼中含有组氨酸，死后容易发生变化，产生有毒物质，对人体健康不利。

○ 鳝鱼中含有一种叫颌口线虫的寄生虫，如烹煮不透，寄生虫会存活下来，使人体受到感染。

热菜 清炒鳝糊 准备10分钟 烹调20分钟

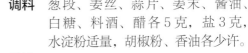

材料 净鳝鱼400克。

调料 葱段、姜丝、蒜片、姜末、酱油、白糖、料酒、醋各5克，盐3克，水淀粉适量，胡椒粉、香油各少许。

做法

1 鳝鱼洗净，切成5厘米左右的长段。

2 锅置火上，倒油烧至五成热，将鳝鱼段下锅煸至金黄，下葱段、姜末、蒜片翻炒，加入酱油、料酒、醋、白糖、盐和适量水焖烧5分钟，用水淀粉勾芡，将鳝鱼段盛至盘内。

3 将姜丝和胡椒粉撒在鳝鱼上，淋上香油即可。

营养功效

鳝鱼所含脂肪较少，而且含有独特的"鳝鱼素"，有利于调节血糖，是糖尿病患者的理想食品。

热菜 干煸鳝段

准备 15分钟　烹调 20分钟

材料　净鳝鱼500克，西芹100克，红椒条10克，鸡蛋1个。

调料　葱段、姜片、蒜片、干辣椒、酱油、料酒、醋各5克，豆瓣酱10克，盐2克，淀粉适量。

做法

1　鸡蛋磕开，加淀粉打成蛋糊；西芹洗净切段；

鳝鱼洗净切段，用料酒、酱油腌渍10分钟，裹匀蛋糊。

2　锅内倒油烧至五成热，炒香豆瓣酱，放干辣椒、葱段、姜片、蒜片煸炒，加盐、醋和水，下鳝鱼段烧入味，下西芹段、红椒条翻炒熟即可。

热菜 红辣椒爆鳝段

准备 15分钟　烹调 20分钟

材料　净鳝鱼400克，红辣椒30克。

调料　姜丝、蒜片、酱油、料酒各5克，盐3克，香油少许。

做法

1　鳝鱼洗净，切段；红辣椒去蒂及子，洗净，切丝。

2　锅置火上，倒油烧至六成热，下鳝鱼段煸炒至

金黄色。

3　放入红辣椒丝、姜丝、蒜片翻炒，加酱油、料酒和盐，翻炒片刻后，点香油即可。

烹饪提示

宰杀鳝鱼时，最好先把头部用刀背拍一下，这样比较容易宰杀。

热菜 杭椒鳝片

准备 25分钟　烹调 20分钟

材料　净鳝鱼肉300克，杭椒段、千张丝各50克。

调料　姜丝、蒜末、香葱末、料酒、醋、蚝油各5克，盐3克，胡椒粉少许。

做法

1　鳝鱼肉洗净片成片，用料酒腌渍15分钟；千张丝洗净控干，铺在大

碗内。

2　锅内倒油烧热，下鳝片炸至变色后捞出。

3　锅内留底油烧热，炒香姜丝、蒜末、杭椒段，加蚝油、料酒、醋、胡椒粉、盐和少许水烧开，下鳝鱼片，焖煮入味。

4　将鳝鱼、杭椒等倒入铺有千张丝的碗内，撒上香葱末即可。

69

黄花鱼

适宜人群 对贫血、失眠、头晕、食欲不振及妇女产后体虚有辅助疗效；对体质虚弱者和中老年人来说，食用黄花鱼也会收到很好的食疗效果

慎食人群 为发物，哮喘患者和过敏体质者应慎食

性味归经	性平，味甘，归肾、胃经
热　量	97千卡/100克可食部
功　效	延缓衰老、开胃益气

○ 黄花鱼背脊呈黄褐色，腹部金黄，鱼鳍灰黄，应选择体形肥大、鱼肚鼓胀的。

○ 炸黄花鱼时，最好挂一层淀粉糊，这样能较好地保存其营养。

○ 黄花鱼和丝瓜搭配食用，可起到延缓衰老的功效。

○ 黄花鱼属于近海鱼，易受污染，所以尽可能不吃或少吃鱼头、鱼皮。

凉菜 干炸小黄鱼　准备20分钟　烹调15分钟

材料 小黄花鱼400克，面粉50克，鸡蛋1个。

调料 葱段、姜片、盐各5克，料酒10克，淀粉20克。

做法

1. 小黄花鱼去鳞、鳃、内脏，洗净后用葱段、姜片、少许盐和料酒腌渍15分钟；鸡蛋打成蛋液，与淀粉、面粉、盐和适量水搅匀成糊。
2. 将腌渍好的小黄花鱼均匀地裹上面糊。
3. 锅置火上，倒油烧至六成热，下裹好糊的小黄花鱼炸至金黄色捞出，凉凉即可。

烹饪提示

将炸好的鱼放入油锅中，复炸一下，口感更酥脆。

热菜 家常烧黄鱼 准备 15分钟 烹调 25分钟

材料 黄花鱼2条（约600克），猪肉80克，冬笋50克，香菇6朵。

调料 葱段、姜片、蒜片、料酒各20克，盐5克，酱油、葱花各10克。

做法

1 将黄花鱼收拾干净，在鱼身两面划斜刀，刀距约2厘米，刀深至骨，将酱油刷在鱼身两面，使其入味；猪肉、冬笋洗净切片；香菇泡发后去蒂。

2 炒锅上火将油烧热，拎着鱼尾巴将黄花鱼放入锅中，煎至两面金黄色，捞出沥油。

3 另起锅将少许油烧热，放入葱段、姜片、蒜片煸炒出香味，再放入肉片、笋片、香菇煸炒，放黄花鱼，加料酒、酱油、盐烧开后转小火烧煮15分钟，大火收汁，撒葱花即可。

热菜 清蒸黄花鱼 准备 25分钟 烹调 15分钟

材料 净黄花鱼1条。

调料 葱丝、姜丝各5克，料酒10克，蒸鱼豉油适量。

做法

1 黄花鱼洗净，鱼身打花刀，用葱丝、姜丝、料酒腌渍20分钟。

2 蒸锅置火上，加水烧开，将腌好的鱼大火蒸12分钟左右取出。

3 锅内加油，烧至八成热，将热油均匀地浇在鱼身上，淋上蒸鱼豉油即可。

营养功效

黄花鱼具有健脾胃、安神益气的功效。

烹饪提示

将热油浇在鱼身上，不仅能够提香，还能增加鱼的色泽。

鱿鱼

性味归经	性平，味甘、咸，归肝、肾经
热量	75千卡/100克可食部
功效	补血强身、养胃排毒、促进骨骼生长

○ 鱿鱼宜搭配玉米食用。鱿鱼中含维生素B_6，搭配含有维生素B_1和维生素B_2的玉米，能提高维生素B_6的利用率，适宜贫血者食用。

○ 鱿鱼胆固醇含量较高，但同时也富含牛磺酸等营养素，建议每周食用1~2次，每次40~75克，这样其所含的胆固醇能被人体正常利用，有益身体健康。

○ 鱿鱼不宜和茶搭配，鱿鱼是高蛋白的食物，茶中的单宁酸易与蛋白质结合，影响人体对蛋白质的吸收。

热菜 青椒鱿鱼丝 （准备 10分钟）（烹调 10分钟）

材料 鱿鱼300克，青椒100克。

调料 姜末、蒜末、料酒各5克，盐3克，香油少许。

做法

1 鱿鱼收拾干净，切丝；青椒去蒂及子，洗净切丝。

2 锅置火上，倒入清水烧沸，将鱿鱼丝汆烫至熟，捞出控干。

3 锅内倒油，烧至六成热，下姜末、蒜末煸香，倒入鱿鱼丝，加料酒、盐翻炒，倒入青椒丝，翻炒片刻后，点香油调味即可。

营养功效

鱿鱼具有滋阴养胃、补虚、润肤等功效。

热菜 黄瓜爆鱿鱼

准备 5分钟　烹调 3分钟

材料 鱿鱼须 200 克，黄瓜 100 克。

调料 葱末、蒜末、酱油各 5 克，盐 3 克。

做法

1 鱿鱼须洗净切段；黄瓜洗净切片。

2 锅置火上，倒入清水烧沸，将鱿鱼须焯烫至熟，捞出控干。

3 锅内加油烧至六成热，下葱末、蒜末爆香，倒入鱿鱼须段和黄瓜片，放酱油、盐，翻炒均匀即可。

烹饪提示

鱿鱼质地鲜嫩，焯水时间要短，放入水后稍微有点变硬即捞起，老了会影响口感。

热菜 韭菜炒鱿鱼

准备 10分钟　烹调 3分钟

材料 鱿鱼 300 克，韭菜 50 克。

调料 葱末、姜末、蒜末、料酒、酱油各 5 克，盐 3 克，香油少许。

做法

1 鱿鱼洗净，切条；韭菜择洗干净，切段。

2 锅置火上，倒入清水烧沸，将鱿鱼条焯熟后捞出控水。

3 锅内倒油，烧至六成热，下葱末、姜末、蒜末煸香，倒入鱿鱼条，加料酒、酱油和盐翻炒，加入韭菜段，翻炒片刻后，点香油调味即可。

热菜 客家小炒

准备 10分钟　烹调 5分钟

材料 水发鱿鱼 300 克，五花肉 200 克，青椒 50 克。

调料 料酒、酱油各 15 克，葱段、姜末、蒜末各 10 克，白糖 5 克，盐 3 克。

做法

1 五花肉洗净、去皮，切薄片；鱿鱼撕净外膜，切条；青椒洗净，切片。

2 锅内倒油烧热，爆香姜末，放五花肉片、鱿鱼条爆炒至八成熟，加入蒜末、青椒片同炒，再加入料酒、酱油、白糖、盐炒入味，出锅前撒入葱段拌匀即可。

螃蟹

适宜人群	一般人群均可食用，尤其适合跌打损伤、瘀血肿痛者	慎食人群	脾胃虚寒、腹痛、风寒感冒、顽固性皮肤瘙痒患者及月经过多、痛经女性

性味归经	性寒，味甘、咸，归肝、脾经
热量	127千卡/100克可食部
功效	补脑益智、强筋壮骨

○ 螃蟹烹调前将其放在淡盐水中浸泡一会儿，能使其吐出杂质和污物。

○ 螃蟹性寒，宜和姜搭配食用，有祛寒的效果。

○ 螃蟹，特别是河蟹，要吃活的，不要食用已经死亡的。

热菜 葱姜炒蟹 准备 40分钟 烹调 10分钟

材料 螃蟹400克，葱50克，姜30克。
调料 蒜末5克，料酒10克，盐4克。
做法

1 将螃蟹放入清水中，调入少许盐，浸泡30分钟，使其吐净泥沙，再用清水反复冲洗干净，沥干水分，将蟹壳揭开，去除内脏和蟹鳃，剁成两半；大葱剥去老皮，洗净切段；姜洗净切丝。

2 锅置火上，倒油烧至六成热，下葱段、姜丝、蒜末爆香，倒入螃蟹，加盐、料酒翻炒。

3 沿锅边淋入少许水，盖上锅盖焖至熟即可。

热菜 面拖蟹

准备 40分钟　烹调 20分钟

材料 螃蟹400克，面粉60克，鸡蛋1个。

调料 葱末、姜末、蒜末、生抽、白糖各5克，盐3克，料酒10克。

做法

1 螃蟹放入盐水中浸泡30分钟，使其吐净泥沙，再反复冲洗净，沥干，揭开蟹壳，去除内脏和蟹鳃，剁成两半；鸡蛋打成蛋液，加适量清水，和面粉调成面糊。

2 锅内倒油烧热，将半只螃蟹块放在面糊上，让面糊裹住螃蟹，煎至两面金黄色捞出。

3 锅内留底油，下葱末、姜末、蒜末煸香，倒螃蟹，加盐、白糖、料酒、生抽，倒入清水烧8分钟即可。

热菜 洋葱炒河蟹

准备 15分钟　烹调 10分钟

材料 河蟹400克，洋葱100克。

调料 葱段、酱油、料酒各10克，姜片5克，盐4克。

做法

1 河蟹洗净，去壳、内脏和蟹鳃，剁成四块；洋葱剥去老皮，洗净切片。

2 锅置火上，倒油烧至六成热，下葱段、姜片爆香，倒入螃蟹块翻炒。

3 加入酱油、料酒、盐和洋葱片，继续翻炒至熟即可。

烹饪提示

洋葱和螃蟹一起炒，有养筋活血、清热解毒、通经络、抗衰老等功效。

热菜 清蒸蟹

准备 10分钟　烹调 20分钟

材料 螃蟹400克。

调料 盐4克，姜末30克，醋20克。

做法

1 螃蟹洗净，除去内脏和蟹鳃。

2 将姜末、醋和盐调成姜醋汁。

3 蒸锅置于火上，加清水烧沸，将洗好的螃蟹放入锅中，大火蒸8分钟，关火后再闷5分钟取出，食时蘸姜醋汁即可。

烹饪提示

大火蒸8分钟，关火再闷约5分钟，这样口感更好。

虾

适宜人群	一般人群均可食用，尤其适合肾虚阳痿、腰脚无力者	慎食人群	上火者和过敏性鼻炎、支气管炎、皮肤疥癣患者

性味归经	河虾性微温，味甘，归肝、肾经；海虾性温，味甘、咸，归肾经
热　量	93千卡/100克可食部
功　效	补肾壮阳、防癌抗癌、保护心血管、益智健脑

○ 虾背上的虾线是尚未排泄完全的废物，食用前最好去除。

○ 剖虾球时，除背部划刀外，腹部也要划一刀，但不要划断，炸出来的虾球会更美观。

○ 虾头一般都含有重金属类物质，尽量不吃。

凉菜 **醉虾**　　准备 10分钟　烹调 8分钟

材料　鲜活虾300克，黄酒200克。
调料　葱末、姜末、蒜末、白糖、生抽、醋各5克，盐3克。

做法

1 鲜活虾洗净，剪去长须，放入碗中，倒入黄酒和少许白开水。
2 将葱末、姜末、蒜末、白糖、盐、醋和生抽调成味汁。
3 将味汁倒入盛虾的碗内，腌2分钟即可。

烹饪提示

1. 可将醉虾放入冰块冰镇一下，口感更好。

2. 做醉虾，一定要选非常新鲜、大小均匀的活虾，这样口感才最佳。

3. 虾在倒入黄酒前，要用纯净水充分清洗干净，剪去所有须脚。

凉菜 盐水虾

准备 40 分钟　烹调 20 分钟

材料　虾 300 克。

调料　葱段、姜片各 5 克，料酒 10 克，花椒 2 克，大料 1 个，盐 4 克。

做法

1 虾洗净控干。

2 锅置火上，倒入清水，放入葱段、姜片、料酒、花椒、大料烧沸。

3 将虾倒入锅内，煮 2 分钟后，加盐再煮 1 分钟关火，闷 15 分钟左右即可。

烹饪提示
关火后再闷 15 分钟，可以让虾更入味。

热菜 香辣基围虾

准备 10 分钟　烹调 8 分钟

材料　基围虾 350 克，干红辣椒段 20 克。

调料　葱段、姜片、蒜片、生抽、料酒各 5 克，辣豆瓣酱 10 克，盐 3 克。

做法

1 基围虾洗净，去虾线，用料酒腌渍。

2 油锅烧热，爆香干红辣椒段，放辣豆瓣酱煸炒，放基围虾、葱段、姜片、蒜片、生抽、料酒翻炒。

3 锅内加入少量清水，焖至水干时即可出锅。

营养功效
虾可以增强人的免疫力，补肾壮阳。

热菜 水晶虾仁

准备 15 分钟　烹调 15 分钟

材料　虾仁 300 克，鸡蛋清 1 个。

调料　姜末、料酒各 5 克，盐 3 克，水淀粉、淀粉、高汤各适量，胡椒粉、花椒粉、小苏打各少许。

做法

1 虾仁洗净，晾干，用姜末、盐、花椒粉、小苏打和料酒腌渍 10 分钟。

2 鸡蛋清和淀粉、盐、胡椒粉加水调成糊，加虾仁拌匀，放入油锅中滑散，变色后捞出。

3 锅烧热后放高汤、盐和胡椒粉烧开，加水淀粉勾芡，倒虾仁翻炒匀即可。

烹饪提示
腌渍虾仁的时候放入少许小苏打，可使虾仁的组织蓬松，成菜后更松软。

扇贝

性味归经	性微温，味甘、咸，入肝、肾、脾经
热　量	60千卡/100克可食部
功　效	降低胆固醇、调节免疫力

适宜人群　一般人群均可食用，适宜高胆固醇、高脂血症及甲状腺肿大的人

慎食人群　痛风患者、脾胃虚寒者

○　新鲜贝肉色泽正常且有光泽，无异味，手摸有爽滑感，弹性好。

○　扇贝烹调时，不要放味精，以免破坏其本身的鲜味，盐也不要多放。

蛤蜊

性味归经	性寒，味咸，入足阳明经
热　量	62千卡/100克可食部
功　效	保护视力和肝脏，降低胆固醇，补血利尿

适宜人群　一般人都可食用，尤其适合心血管疾病患者

慎食人群　经期或产后女性、容易腹泻者

○　蛤蜊买回家，在淡盐水中泡2~3小时，使其吐尽泥沙，浸泡时间不宜过长，以免所含胶质流失，口味变差。

○　烹调前，应先去除蛤蜊中不宜食用的泥肠。

蛏子

性味归经	性寒，味甘、咸，入心、肝、肾经
热　量	40千卡/100克可食部
功　效	补阴、清热、除烦

适宜人群　一般人群，尤其是骨质疏松者

慎食人群　幼儿、孕妇、高血压、肾病和水肿患者不宜多吃咸鸭蛋

○　蛏干分为生蛏干和熟蛏干，熟蛏干肉比较厚，适合煲汤。

○　生蛏干薄薄的，有点透明，比较适合做炒菜。

海参

性味归经	性温，味甘、咸，归肝、肾经
热　量	78千卡/100克可食部
功　效	增强造血功能、调经、促进乳汁分泌、防癌抗癌、益精壮阳

适宜人群　一般人群均可食用，尤其适合老年人和体质虚弱的人

慎食人群　感冒引起发烧咳嗽的人、急性肠炎、菌痢患者

○　购买干货海参，煮食前需进行发制，质量好的海参可以涨发至8倍大。

○　如购买发制好的海参，要用水冲泡清洗，以免残留化学成分对健康不利。

热菜 腰果鲜贝 准备 15分钟 烹调 8分钟

材料 扇贝肉 200 克，熟腰果 30 克，熟胡萝卜丁、黄瓜丁各 20 克。

调料 姜片、料酒各5克，盐3克，水淀粉适量。

做法

1 扇贝肉加料酒和盐腌渍，焯熟。

2 油锅烧热，爆香姜片，倒扇贝肉、胡萝卜丁和黄瓜丁煸炒，加盐、熟腰果炒匀，用水淀粉勾芡即可。

热菜 鱼香鲜贝 准备 15分钟 烹调 5分钟

材料 扇贝肉 250 克。

调料 剁辣椒 50 克，蒜蓉、葱花、盐各 5 克，料酒、白糖、水淀粉各 15 克，淀粉 20 克。

做法

　扇贝肉裹淀粉炸 1 分钟，沥油；剁辣椒、蒜蓉、葱花、料酒、盐、白糖、水淀粉调成芡汁；油锅中放贝肉炒熟，倒芡汁拌匀即可。

热菜 小番茄炒扇贝 准备 20分钟 烹调 5分钟

材料 扇贝肉、小番茄各250克，芹菜段30克。

调料 盐 4 克，葱段、水淀粉各 15 克。

做法

1 扇贝肉、小番茄洗净；小番茄一切为二；将扇贝肉和小番茄滑熟，捞出。

2 油锅烧热，爆香葱段，加扇贝肉、小番茄、芹菜段翻炒，加盐和清水烧沸，用水淀粉勾芡即可。

热菜 芹菜炒蛤蜊肉 准备 10分钟 烹调 5分钟

材料 蛤蜊 500 克，芹菜段 100 克。

调料 料酒 5 克，葱段、姜片、盐各 3 克。

做法

1 蛤蜊洗净，放入加姜片的沸水中烫至壳打开捞出，凉凉，取肉。

2 油锅烧热，煸香葱段，放蛤蜊肉，烹料酒，加盐，倒入芹菜段翻炒至熟即可。

热菜 **葱香炒蛤蜊** 准备 15分钟 烹调 5分钟

材料 蛤蜊300克，葱段50克。
调料 姜片5克，料酒10克，盐3克。
做法

1 将蛤蜊洗净，用料酒腌渍10分钟。
2 锅内倒油烧热，爆香姜片和葱段，倒蛤蜊，烹料酒，加盐翻炒，至蛤蜊熟时即可出锅。

热菜 **蛤蜊蒸蛋** 准备 10分钟 烹调 15分钟

材料 蛤蜊12只，鸡蛋2个，青椒丁、红椒丁各少许。
调料 姜片、盐、香葱末各5克，料酒10克。
做法

1 蛤蜊用盐水浸泡，使其吐净泥沙，放入加姜片和料酒的沸水中烫至壳开，捞出。
2 鸡蛋磕开，加盐打散，加水搅匀，加蛤蜊，蒸10分钟，撒香葱末、青椒丁、红椒丁即可。

热菜 **葱爆蛏子** 准备 40分钟 烹调 5分钟

材料 蛏子300克，葱段60克。
调料 蒜片、酱油、白糖各5克，料酒10克，盐3克。
做法

1 蛏子放盐水泡30分钟，冲洗净，沥干。
2 油锅烧热，爆香葱段、蒜片，倒蛏子，加盐、白糖、料酒、酱油炒至壳开即可。

热菜 **葱烧海参** 准备 5分钟 烹调 15分钟

材料 水发海参400克，葱白段50克。
调料 葱油50克，姜片5克，料酒、酱油各15克，盐3克，葱姜汁、水淀粉各适量。
做法

1 水发海参洗净，焯烫，捞出；葱白段炸香。
2 锅中倒葱油烧热，倒酱油、料酒、葱姜汁、姜片、海参炖10分钟，加炸葱白段、盐，用水淀粉勾芡即可。

PART

4

清新蔬果

维生素和膳食纤维的
优质提供者

家常蔬菜预处理全图解

白菜巧处理

1 把白菜叶子从根部掰下来。

2 菜叶放入加盐的清水中泡5分钟。

3 用水冲洗一下。

4 处理好的样子。

菜花/西蓝花巧处理

1 用水冲洗一下。

2 掰开成小块。

3 放盐水中浸泡。

4 处理好的样子。

白萝卜巧处理

1 白萝卜用刷子刷洗干净。

2 放入盐水中浸泡5分钟。

3 处理好的样子。

山药巧处理

1 用清水冲净。

2 放盐水中浸泡。

3 戴上手套削皮。

4 处理好的样子。

苦瓜巧处理

1 用刷子刷洗净。

2 顺长剖开。

3 挖去苦瓜瓤。

4 处理好的样子。

番茄巧处理

1 番茄冲洗干净。

2 放沸水中烫一下。

3 取出，去皮。

4 处理好的样子。

豆角巧处理

1 豆角掐去蒂。

2 放水中清洗净。

3 用手掰成段。

4 处理好的样子。

洋葱巧处理

1 剥去外层干皮。

2 将刀沾上水，可防止流眼泪。

3 切圈：横放在案板上，直刀切。

4 切丝：对半切开，切丝。

白菜

性味归经	性凉，味甘，归脾、胃经
热　　量	17千卡/100克可食部
功　　效	降血压、预防感冒、润肠、助消化、护肤养颜、防癌抗癌

适宜人群　一般人都可食用，尤其适合感冒发热、肺热咳嗽、便秘者

慎食人群　寒性体质、慢性肠胃炎、肠胃功能不佳、胃寒腹痛、腹泻者

○　白菜富含维生素C和B族维生素等，宜先洗后切，大火烹炒，以防维生素C流失过多。

○　避开铜质锅具煮食大白菜，以免所含的维生素C被铜离子破坏，降低营养价值。

圆白菜

性味归经	性平，味甘，归脾、胃经
热　　量	22千卡/100克可食部
功　　效	降脂、杀菌消炎、防癌抗癌、防治消化道溃疡

适宜人群　一般人都可食用，孕妇、消化道溃疡患者、减肥的人

慎食人群　脾胃虚寒者、消化功能不良、胃寒腹痛、腹泻的人

○　食用圆白菜有保护胃黏膜，防止溃疡的作用。

○　圆白菜中的维生素C与猪肉中的蛋白质搭配食用，有助于恢复肌肤弹性，预防黑斑和雀斑生成，消除疲劳，提高机体抗病能力。

油麦菜

性味归经	性寒、凉，味甘，归肠、胃经
热　　量	8千卡/100克可食部
功　　效	降低胆固醇、缓解神经衰弱

适宜人群　一般人群均可食用

慎食人群　尿频、胃寒的人应少吃

○　炒制油麦菜时，海鲜酱油、生抽宜少放，要保持其清爽的口味。

○　油麦菜不能炒制时间过长，至断生即可，否则会影响成菜脆嫩的口感和鲜艳的色泽。

油菜

性味归经	性凉，味甘，归肝、脾、肺经
热　　量	23千卡/100克可食部
功　　效	散血消肿、降低血脂、通便、美容、预防骨质疏松与乳腺癌

适宜人群　一般人均可食用，尤其适合口腔溃疡、牙龈出血、经常使用电脑的人

慎食人群　脾胃虚弱者

○　油菜要现切现做，并用大火爆炒，这样既能保持口味鲜脆，又可减少营养成分的流失。

○　油菜有轻微涩味，只需加少许盐和油加热，就能去掉。

凉菜 芥末墩

准备 10分钟　烹调 1天

材料　白菜200克，芥末50克。

调料　醋、白糖各5克，盐4克。

做法

1　白菜切去根部，余下部分切成寸段，卷成小卷儿，用线扎好，焯熟；芥末加沸水搅拌，加醋、白糖、盐调成芥末糊。

2　取出白菜墩，抹层芥末糊，晾1天即可。

凉菜 凉拌白菜帮

准备 5分钟　烹调 5分钟

材料　白菜帮250克。

调料　醋5克，盐3克，花椒、干红辣椒各少许。

做法

1　白菜帮洗净切丝，焯烫，过凉，控干，撒盐和醋。

2　油锅烧热，炸香花椒，关火，放干红辣椒，将热油浇在白菜帮上拌匀即可。

热菜 醋熘白菜

准备 5分钟　烹调 5分钟

材料　白菜帮400克。

调料　葱丝、姜丝、蒜末各5克，干红辣椒段10克，醋15克，盐3克。

做法

1　白菜帮洗净切成片。

2　锅内倒油烧热，爆香干红辣椒段、葱段、姜丝、蒜末，倒入白菜片翻炒至白菜帮变软。

3　放盐和醋翻炒均匀即可。

热菜 剁椒白菜

准备 5分钟　烹调 5分钟

材料　白菜心300克，剁椒20克。

调料　葱末、姜末各3克，盐2克。

做法

1　白菜心洗净，用刀切4瓣。

2　锅内倒油烧热，煸香葱末、姜末，倒入白菜翻炒至变软，加剁椒和盐，翻炒均匀即可。

热菜 开洋白菜

准备 10 分钟　烹调 8 分钟

材料　白菜 200 克，水发香菇、海米（开洋）、胡萝卜各 30 克。

调料　盐 4 克，高汤、水淀粉各适量。

做法

1 白菜洗净，片成片；海米洗净，泡发；香菇洗净，去蒂，切块；胡萝卜洗净切片。

2 油锅烧热，炒香海米和香菇块，放白菜片和胡萝卜片，倒高汤炒熟，加盐，用水淀粉勾芡即可。

热菜 板栗烧白菜

准备 5 分钟　烹调 15 分钟

材料　白菜 250 克，板栗肉 100 克。

调料　盐、葱花各 3 克，水淀粉、高汤各适量。

做法

1 白菜洗净，切段；板栗肉放油锅炸至金黄色捞出。

2 锅中倒油烧热，放葱花炒香，下入白菜段煸炒，放盐、板栗，加高汤烧开，焖 5 分钟，用水淀粉勾芡即可。

> **烹饪提示**
> 板栗要用油炸，不要煮，否则易碎。

凉菜 大拌菜

准备 5 分钟　烹调 3 分钟

材料　紫甘蓝 100 克，生菜、红彩椒、黄彩椒、苦菊、熟花生仁、圣女果各 30 克。

调料　白糖、醋、生抽各 5 克，盐 3 克。

做法

1 蔬菜洗净，切成适宜入口的大小。

2 将紫甘蓝、红彩椒、黄彩椒、生菜、苦菊、花生仁、圣女果放盘中。

3 加白糖、醋、生抽、盐拌匀即可。

> **营养功效**
> 各种蔬菜拌在一起，可以补充多种维生素和矿物质，还有利于清肠排毒。

热菜 糖醋圆白菜 准备5分钟 烹调5分钟

材料 圆白菜 300 克。

调料 白糖、醋各 10 克，盐 4 克，干红辣椒 2 克，香油各少许。

做法

1 圆白菜洗净撕成片。

2 油锅烧热，爆香干红辣椒，倒圆白菜片翻炒，加醋、白糖、盐炒熟，点香油即可。

热菜 酱肘爆炒圆白菜 准备5分钟 烹调5分钟

材料 圆白菜 300 克，酱肘子 100 克。

调料 生抽 5 克，葱花、盐、干红辣椒各 3 克。

做法

1 圆白菜洗净撕成片；酱肘子切片。

2 锅内倒油烧热，爆香干红辣椒，下葱花和酱肘片翻炒，倒入圆白菜片继续翻炒熟，倒入生抽，放盐调味即可。

热菜 香菇炒油麦菜 准备5分钟 烹调5分钟

材料 油麦菜 200 克，水发香菇块 80 克。

调料 蒜末、姜末、酱油、盐各 5 克，香油少许。

做法

1 油麦菜去蒂，洗净切段。

2 锅内倒油烧热，爆香蒜末、姜末，倒香菇块，加酱油翻炒，倒油麦菜段炒至断生，加盐、香油调味即可。

热菜 豆豉鲮鱼油麦菜 准备5分钟 烹调5分钟

材料 油麦菜 250 克，罐装豆豉鲮鱼 100 克。

调料 葱丝、蒜末、盐、白糖各 3 克。

做法

1 油麦菜洗净，切段；取出鲮鱼，切块。

2 锅内倒油烧至六成热，将葱丝、蒜末爆香，倒入油麦菜段，加盐、白糖煸炒。

3 放入豆豉鲮鱼块，翻炒均匀后即可。

凉菜 炝拌小油菜 准备5分钟 烹调5分钟

材料 小油菜350克。

调料 干红辣椒、盐、葱花、醋各5克，花椒2克。

做法

1 小油菜择洗干净，焯熟，控净，放入盐、醋拌匀。

2 锅内倒油烧热，下花椒、干红辣椒和葱花爆香，浇在油菜上，拌匀即可。

热菜 双冬扒油菜 准备10分钟 烹调5分钟

材料 油菜200克，冬笋片、鲜冬菇片各50克。

调料 葱末、白糖、盐各4克，蚝油5克，水淀粉适量。

做法

1 油菜洗净，和冬笋片焯熟捞出，油菜摆盘。

2 油锅烧热，爆香葱末，倒冬菇片、笋片翻炒，加蚝油、盐、白糖调味，用水淀粉勾芡，盛盘中即可。

热菜 香菇油菜 准备5分钟 烹调5分钟

材料 油菜200克，鲜香菇150克。

调料 葱花、姜丝、盐各4克，酱油、料酒各5克，白糖少许。

做法

1 油菜择洗干净，切长段；香菇洗净，去蒂切片。

2 油锅烧热，爆香葱花、姜丝，放香菇片、酱油、料酒、白糖翻炒，放油菜段，加盐炒熟即可。

热菜 虾仁油菜 准备5分钟 烹调5分钟

材料 油菜200克，虾仁100克。

调料 蒜末10克，盐4克，香油少许。

做法

1 油菜洗净，焯烫，控干，切长段；虾仁洗净控干。

2 油锅烧热，爆香蒜末，倒虾仁炒变色，放油菜段翻炒，加盐、香油炒熟即可。

韭菜、韭黄

性味归经	性温，味辛，归肝、脾、肾、胃经
热 量	26千卡/100克可食部
功 效	提振食欲、杀菌、行气活血、润肠通便、补肾温阳

👤 **适宜人群** 一般人都可食用，特别适合阳痿患者

👤 **慎食人群** 体质偏热的人和眼疾患者、肠胃功能较弱者

○ 韭菜现炒现切味道好。韭菜切开遇空气后辛辣味会加重，宜现炒现切。

○ 先浸泡再冲洗能去除韭菜上的残留农药。韭菜上的残留农药通常较多，食用韭菜前应将其充分浸泡再冲洗干净。

菠菜

性味归经	性寒，味甘淡，归肠、胃经
热 量	24千卡/100克可食部
功 效	润肠通便、抗衰老、护眼、防治口腔炎、预防贫血

👤 **适宜人群** 一般人都可食用，特别适合高血压、糖尿病、痔疮便血、贫血、夜盲症、皮肤粗糙者

👤 **慎食人群** 肾炎、肾结石患者

○ 烹调菠菜前宜用沸水将其焯透，因为菠菜富含草酸，草酸会影响人体对钙的吸收，焯水可以减少菠菜中草酸的含量。

○ 菠菜最好现买现吃。菠菜购买后应该尽早食用，不然放置时间长了，菠菜中含有的维生素C会流失很多。

生菜

性味归经	性凉，味甘，归膀胱经
热 量	15千卡/100克可食部
功 效	减脂、利尿、促进血液循环

👤 **适宜人群** 一般人群皆可，特别适宜维生素C缺乏者及减肥者食用

👤 **慎食人群** 尿频、胃寒的人

○ 生菜的主要食用方法是生食，但应注意农药化肥的残留。

○ 生菜储藏时应远离苹果、梨和香蕉，以免诱发它们长斑点。

○ 生菜用手撕成片，吃起来会比刀切的脆。

空心菜

性味归经	性微寒，味甘，归肝、心、大肠、小肠经
热 量	20千卡/100克可食部
功 效	清热解毒、凉血止血、润燥滋阴、调节血糖

👤 **适宜人群** 一般人都可食用，糖尿病患者和大便干结者可多食

👤 **慎食人群** 体质虚弱、胃肠虚寒者不宜多食

○ 宜大火快炒，以免营养流失。

○ 炒菜前将其浸泡在清水中10分钟，可使其鲜绿、脆嫩。

○ 空心菜叶子容易变黄，可择下先食用，将茎留到第二天吃也不会变色。

热菜 韭菜摊鸡蛋 （准备 5分钟）（烹调 5分钟）

材料 韭菜150克，鸡蛋2个。
调料 盐3克。
做法

1 韭菜择洗干净，切小段；鸡蛋打成蛋液。
2 将韭菜段放入蛋液，加盐搅匀。
3 锅置火上，倒油烧至五成热，将韭菜鸡蛋液倒入，摊至熟即可。

热菜 香干炒韭菜 （准备 10分钟）（烹调 5分钟）

材料 韭菜150克，香干100克，红椒20克。
调料 姜丝、盐、生抽各3克。
做法

1 韭菜择洗干净，切成段；香干切成长条；红椒去蒂，洗净切丝。
2 油锅烧热，爆香姜丝，放香干、红椒丝、生抽翻炒，倒韭菜段、盐，炒断生即可。

热菜 核桃仁炒韭菜 （准备 10分钟）（烹调 5分钟）

材料 韭菜200克，核桃仁50克。
调料 盐3克。
做法

1 韭菜洗净，切段；核桃仁浸泡，沥干，炒至金黄色盛出。
2 锅内留底油烧热，下韭菜段，加盐炒匀，倒入核桃仁翻炒几下即可。

热菜 肉丝炒韭黄 （准备 15分钟）（烹调 5分钟）

材料 韭黄200克，肉丝100克。
调料 老抽、盐各3克，酱油、水淀粉各5克。
做法

1 韭黄洗净，切段；肉丝用老抽、水淀粉腌渍，放油锅中炒至变色，盛出。
2 油锅烧热，下韭黄段炒软，倒肉丝，加盐、酱油炒熟即可。

凉菜 花生拌菠菜 准备 10分钟 烹调 3分钟

材料　菠菜 250 克，煮熟的花生仁 50 克。

调料　姜末、蒜末、盐、醋各 3 克，香油少许。

做法

1 菠菜洗净，焯熟捞出，过凉，切段。

2 将菠菜段、花生仁、姜末、蒜末、盐、醋、香油拌匀即可。

凉菜 五彩菠菜 准备 10分钟 烹调 3分钟

材料　菠菜 150 克，鸡蛋丁 100 克，香肠丁、冬笋丁、水发木耳各 50 克。

调料　姜末 5 克，盐 4 克。

做法

1 菠菜、木耳、冬笋丁焯熟，捞出，菠菜切段。

2 将菠菜段、蛋皮丁、木耳、冬笋丁、香肠丁加盐、姜末拌匀即可。

热菜 鸡蛋炒菠菜 准备 5分钟 烹调 5分钟

材料　菠菜 200 克，鸡蛋 2 个。

调料　葱末、姜末、盐各 3 克。

做法

1 菠菜洗净，焯水，盛出切段；鸡蛋打成蛋液，炒成块盛出。

2 油锅烧热，爆香葱末、姜末，放菠菜段炒断生，加盐，倒入鸡蛋块翻匀即可。

热菜 蒜蓉菠菜 准备 5分钟 烹调 5分钟

材料　菠菜 200 克，蒜蓉 15 克。

调料　姜末、盐各 3 克，香油少许。

做法

1 菠菜去根，择洗干净，焯水，盛出切段。

2 锅置火上，倒油烧至五成热，下姜末、蒜蓉爆香，倒入菠菜段翻炒至熟，点香油即可。

凉菜 生菜沙拉 准备5分钟 烹调5分钟

材料 生菜100克，番茄块、黄瓜片各50克，青椒丝、红椒丝各30克。

调料 盐4克，沙拉酱15克，醋3克。

做法

1 生菜洗净，撕成片。

2 将生菜片、番茄块、黄瓜片、青椒丝、红椒丝与盐、沙拉酱和醋拌匀即可。

凉菜 麻酱拌生菜 准备5分钟 烹调2分钟

材料 生菜300克。

调料 芝麻酱20克，白糖、盐、香油各3克。

做法

1 生菜洗净撕成片；芝麻酱用盐、白糖和少许凉白开调开。

2 将调好的芝麻酱浇在生菜上，淋少许香油即可。

热菜 蚝油生菜 准备5分钟 烹调5分钟

材料 生菜300克。

调料 蚝油15克，葱末、姜末、蒜末、生抽各3克，水淀粉适量。

做法

1 生菜洗净，撕成大片，焯熟，控水，盛盘。

2 油锅烧热，爆香葱末、蒜末、姜末，放生抽、蚝油和水烧开，勾芡，浇盘中即可。

热菜 蒜蓉空心菜 准备5分钟 烹调5分钟

材料 空心菜300克，蒜蓉20克。

调料 盐3克。

做法

1 空心菜去除老梗，择洗干净，切段。

2 锅置火上，倒油烧至六成热，下蒜蓉爆香，倒入空心菜片，加盐煸炒至熟即可。

芹菜

性味归经	性凉，味甘、辛，归肺、胃、肝经
热　量	20千卡/100克可食部
功　效	利尿消肿、防癌抗癌、养血补虚、平肝降压

适宜人群　一般人群均可食用，尤其是高血压患者

慎食人群　脾胃虚寒者不宜多食

○ 芹菜叶中所含的维生素C比芹菜茎多，烹调芹菜时不宜把芹菜叶扔掉。

○ 芹菜宜和虾仁搭配食用，有促进新陈代谢的作用。

芥蓝

性味归经	性辛，味甘，归大肠、膀胱经
热　量	19千卡/100克可食部
功　效	提高食欲、帮助消化、清心明目、预防心血管疾病

适宜人群　一般人群皆可，特别适合食欲不振、便秘、高胆固醇患者

慎食人群　阳痿患者

○ 芥蓝的食用部分是肥大的肉质茎和嫩叶，适用于炒、拌、烧，也可做配料、汤料等。

○ 芥蓝有苦涩味，炒时加入少量白糖和酒，可以改善口感。

苋菜

性味归经	性凉，味甘，归膀胱经
热　量	15千卡/100克可食部
功　效	减脂、利尿、促进血液循环

适宜人群　一般人群皆可，特别适宜胃病、维生素C缺乏者及减肥者食用

慎食人群　尿频、胃寒的人

○ 烹饪苋菜时，用开水焯烫可去除所含的植酸以及菜上的农药。

○ 炒制时间不宜过长，以免菜中营养流失。

菜花、西蓝花

性味归经	性凉，味甘，归肾、脾、胃经
热　量	33千卡/100克可食部
功　效	护肤防老、防癌抗癌、消除疲劳、预防高血压和糖尿病

适宜人群　一般人都可食用

慎食人群　凝血功能异常者、肾脏功能不佳者

○ 菜花含有少量致甲状腺肿的物质，会影响人体甲状腺对碘的利用，易引起甲状腺肿大，焯水后食用可减少致甲状腺肿物质。

○ 西蓝花和菜花中的维生素C容易氧化流失，所以购买回来宜尽快食用。

凉菜 **凉拌芹菜叶** 准备 5分钟 烹调 3分钟

材料 芹菜叶 200 克。

调料 酱油、醋、白糖、辣椒油各 5 克，干红辣椒、盐各 3 克，香油各少许。

做法

1 芹菜叶洗干净，焯熟捞出，控净水。

2 将芹菜叶与盐、酱油、白糖、醋、辣椒油、干红辣椒（稍炸）、香油拌匀即可。

热菜 **素炒芹菜** 准备 5分钟 烹调 5分钟

材料 芹菜 250 克。

调料 姜丝、盐、干红辣椒各 5 克。

做法

1 芹菜择去叶子，洗净切段。

2 锅置火上，倒油烧至六成热，下干红辣椒、姜丝爆香，倒入芹菜段，加盐翻炒至熟即可。

热菜 **西芹百合** 准备 5分钟 烹调 5分钟

材料 西芹 250 克，鲜百合 50 克。

调料 蒜末、盐各 3 克，香油少许。

做法

1 西芹择去叶，洗净切段；鲜百合洗净，掰瓣；将西芹和百合分别焯烫一下捞出。

2 油锅烧热，下蒜末爆香，倒入西芹段和百合炒熟，加盐，淋上香油即可。

热菜 **腰果西芹** 准备 5分钟 烹调 5分钟

材料 西芹 250 克，腰果 30 克。

调料 蒜末、盐各 3 克，香油少许。

做法

1 西芹择去叶，洗净切片。

2 锅内倒油烧热，下蒜末煸炒，倒入西芹片，加盐翻炒熟，倒入腰果，点香油炒匀后即可。

热菜 腊肠炒西芹

准备 8分钟　烹调 5分钟

材料　西芹200克，腊肠80克。

调料　姜片、蒜末、葱末各5克，盐1克。

做法

1　西芹择洗干净，斜切成片；腊肠煮熟，切成斜片。

2　锅内倒油烧热，放姜片、蒜末、葱末煸香，放腊肠片煸炒出油，加入西芹片炒熟，加盐调味即可。

热菜 爽口芥蓝

准备 8分钟　烹调 5分钟

材料　芥蓝250克。

调料　姜末、蒜末、盐、生抽、白糖各3克，蒸鱼豉油适量。

做法

1　将芥蓝洗净。

2　锅置火上，倒入清水烧沸，将芥蓝焯至断生后捞出。

3　锅内倒油，烧至六成热，下姜末、蒜末炒香，加生抽、盐、白糖、蒸鱼豉油和少许水，炒至汤汁浓稠后淋在芥蓝上即可。

> **营养功效**
>
> 芥蓝中含有一种有机碱，可以刺激人的味觉，加快肠胃蠕动，帮助消化。

热菜 白灼芥蓝虾仁

准备 15分钟　烹调 10分钟

材料　芥蓝200克，虾仁100克。

调料　酱油5克，白糖、盐各3克，水淀粉适量，胡椒粉、香油各少许。

做法

1　芥蓝洗净；虾仁洗净，用盐、胡椒粉、水淀粉抓匀，腌渍10分钟。

2　锅置火上，倒入清水烧沸，将芥蓝焯至断生后捞出。

3　锅内倒油，烧至六成热，下虾仁滑散后盛出，摆放在焯好的芥蓝上。

4　将酱油、白糖、盐、香油、胡椒粉和少许水对成白灼汁，倒入锅内烧开后，浇在虾仁和芥蓝上即可。

热菜 蒜蓉苋菜

准备 3分钟　烹调 5分钟

材料　苋菜400克。

调料　蒜末10克,盐2克。

做法

1 苋菜洗净切段。

2 锅置火上,倒油烧至六成热,下5克蒜末爆香,倒入苋菜段,加盐翻炒。

3 待到苋菜出汤时,加剩下的5克蒜末,翻炒均匀出锅即可。

> **营养功效**
> 苋菜可清热解毒、凉血散瘀,对因上火引起的咽喉红肿、目赤眼痛都有很好的辅助功效。

热菜 香菇炒菜花

准备 15分钟　烹调 10分钟

材料　菜花300克,鲜香菇50克。

调料　葱末、姜末、盐各5克,水淀粉、鸡汤各适量,香油少许。

做法

1 菜花去掉柄,洗净,切成小朵;鲜香菇去蒂,洗净切条。

2 锅置火上,倒入清水烧沸,将菜花下水焯3分钟后捞出。

3 锅内倒油,烧至六成热,下葱末、姜末煸香,倒入菜花和香菇条,加盐翻炒。

4 加入鸡汤,烧至菜花入味,用水淀粉勾芡,点香油即可。

热菜 番茄炒菜花

准备 10分钟　烹调 10分钟

材料　菜花300克,番茄100克。

调料　葱花、盐各3克,番茄沙司10克。

做法

1 菜花去柄,洗净切成小朵;番茄洗净,去蒂切块。

2 锅置火上,倒入清水烧沸,将菜花焯一下捞出。

3 锅内倒油,烧至六成热,下葱花爆香,倒入番茄煸炒,加入番茄沙司,下菜花,加盐翻炒至熟即可。

> **烹饪提示**
> 菜花经过焯制后,要用大火翻炒,避免将菜花炒碎。

热菜 肉片炒菜花
准备15分钟　烹调8分钟

材料 菜花300克，猪肉100克。

调料 葱花、姜末、蒜末各5克，盐4克，酱油适量，淀粉、香油各少许。

做法

1 菜花去柄，洗净切成小朵，焯烫一下；猪肉切片，放入酱油、淀粉腌制10分钟。

2 锅置火上，倒油烧热，下姜末、蒜末爆香，放入肉片煸炒至变色。

3 放入菜花翻炒，加盐调味，待菜花熟软时，加香油，撒葱花即可。

烹饪提示
菜花提前用水焯烫一下，容易熟，口感也更嫩。

热菜 蒜蓉西蓝花
准备10分钟　烹调8分钟

材料 西蓝花300克，蒜蓉20克。

调料 盐、白糖各5克，水淀粉适量，香油少许。

做法

1 西蓝花洗净，去柄，掰成小块。

2 锅置火上，倒入清水烧沸，将西蓝花下锅焯一下捞出。

3 锅内放油，烧至六成热，将蒜蓉下锅爆香，倒入西蓝花，加盐、白糖翻炒至熟，用水淀粉勾芡，点香油调味即可。

营养功效
西蓝花具有抗癌防癌的功效。

热菜 牛肉炒西蓝花
准备20分钟　烹调8分钟

材料 西蓝花200克，牛肉150克，胡萝卜40克。

调料 料酒、酱油各10克，盐4克，淀粉、白糖、胡椒粉、葱末、蒜蓉、姜末各5克。

做法

1 牛肉洗净，切薄片，加盐、料酒、酱油、淀粉腌渍15分钟，放锅中滑炒至变色，捞出沥油；西蓝花择洗干净，掰成小朵，用盐水洗净，沥干；胡萝卜洗净，去皮，切片。

2 锅内倒油烧热，下蒜蓉、姜末、葱末炒香，加入胡萝卜片、西蓝花翻炒，放牛肉片，加料酒略炒，再加盐、白糖、胡椒粉炒匀即可。

茭白

性味归经	性微寒，味甘，归胃、胆经
热　量	23千卡/100克可食部
功　效	帮助消化、预防便秘、清热解毒

适宜人群 一般人都可食用

慎食人群 女性经期前后、肾炎、痛风患者

○ 茭白宜和瘦肉搭配食用。含叶酸的茭白搭配含铁的瘦肉，有改善贫血、消除疲劳的作用。

○ 茭白含有草酸，可先焯水去除部分草酸，以免影响钙的吸收。

白萝卜

性味归经	性凉，味辛、甘，归肺、脾经
热　量	21千卡/100克可食部
功　效	调节免疫力、助消化、清热降火

适宜人群 一般人都可食用

慎食人群 胃溃疡、十二指肠溃疡、慢性胃炎患者，身体虚弱者，吃人参或西洋参的人

○ 白萝卜带皮吃能补钙。吃白萝卜最好不去皮，因为萝卜皮中含有钙等营养成分。

○ 白萝卜含有钙，与含有维生素K的大豆油一起食用，有助于人体对钙的吸收，促进血液正常凝固，帮助骨骼生长。

胡萝卜

性味归经	性平，味甘，归肺、脾经
热　量	43千卡/100克可食部
功　效	护肤、护眼、抗衰老

适宜人群 一般人都可食用

慎食人群 喝酒的人

○ 胡萝卜带皮吃更营养。吃胡萝卜最好不削皮，因为胡萝卜素主要存在于胡萝卜皮中。

○ 胡萝卜含脂溶性维生素，与肉类、油类等含油脂的食材搭配，更易吸收。

红薯

性味归经	性凉平，味甘，归脾、胃、大肠经
热　量	99千卡/100克可食部
功　效	通便排毒、防癌抗癌、减肥瘦身、防动脉硬化、益寿养颜

适宜人群 一般人都可食用，尤其适合经常被便秘困扰的人和夜盲症者

慎食人群 胃溃疡患者、胃酸过多者及容易胀气的人

○ 红薯含有气化酶，吃后有时会发生烧心、吐酸水、腹胀排气等现象，但只要一次别吃过多，而且和米面搭配着吃，配以咸菜或喝点菜汤即可避免。

热菜 香辣茭白 准备 5分钟 烹调 10分钟

材料 茭白 300 克，干红辣椒段 10 克。
调料 葱丝、姜丝各 3 克，盐、酱油各 4 克，水淀粉适量。

做法
1 茭白剥去外面的老壳，切滚刀块，焯水。
2 油锅烧热，煸香干红辣椒段、葱丝、姜丝，倒茭白块、盐、酱油炒熟，勾芡即可。

热菜 杭椒炒茭白 准备 5分钟 烹调 8分钟

材料 茭白 300 克，杭椒丝 50 克。
调料 盐 4 克，香油少许。

做法
1 茭白剥去老壳，洗净切丝，焯水。
2 锅内倒油烧热，煸香杭椒丝，倒茭白丝翻炒，倒少许水，加盐翻炒至茭白熟软，点香油调味即可。

热菜 开阳茭白 准备 10分钟 烹调 10分钟

材料 茭白 300 克，泡发海米（开阳）50 克。
调料 酱油、醋各 10 克，盐 5 克，水淀粉适量。

做法
1 茭白去壳，洗净，切块，炸黄捞出。
2 油锅烧热，炸香海米，放酱油、醋、盐和水烧开，倒茭白块翻炒熟，用水淀粉勾芡即可。

热菜 肉丝炒茭白 准备 15分钟 烹调 8分钟

材料 茭白丝 250 克，猪肉丝 100 克。
调料 葱末、姜末、盐各 5 克，白糖、酱油各 10 克，淀粉适量。

做法
1 猪肉丝用酱油、淀粉腌渍，炒变色。
2 油锅烧热，爆香葱末、姜末，倒茭白丝，加盐、白糖翻炒熟，倒肉丝稍炒即可。

凉菜 葱油萝卜丝

准备 15分钟　烹调 5分钟

材料　白萝卜300克，大葱20克。

调料　盐3克。

做法

1 白萝卜洗净，去皮，切丝，用盐腌渍，沥水，挤干；大葱切丝。

2 锅置火上，倒油烧至六成热，下葱丝炸出香味，浇在萝卜丝上拌匀即可。

热菜 辣炒萝卜干

准备 20分钟　烹调 8分钟

材料　萝卜干150克，猪肉丁100克。

调料　干红辣椒段10克，葱末、姜末、老抽各5克，盐2克。

做法

1 萝卜干洗净，浸泡；猪肉丁加老抽腌渍。

2 油锅烧热，爆香葱末、姜末和干红辣椒段，放

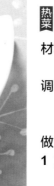

猪肉丁、萝卜干和水炒熟，加盐即可。

热菜 回锅胡萝卜

准备 10分钟　烹调 5分钟

材料　胡萝卜200克，青蒜50克。

调料　辣豆瓣酱20克，葱末、姜末、盐各3克。

做法

1 胡萝卜洗净，切块；青蒜洗净，切段。

2 胡萝卜块炸至金黄色捞出。

3 锅内留底油，下葱末、

姜末和辣豆瓣酱爆香，倒入胡萝卜块翻炒，加盐和青蒜段，继续翻炒1分钟即可。

热菜 胡萝卜烩木耳

准备 5分钟　烹调 8分钟

材料 胡萝卜200克，水发木耳50克。

调料 姜末、葱末、盐、白糖各3克，生抽10克，香油少许。

做法

1 胡萝卜洗净，切片；木耳洗净，撕小朵。

2 锅置火上，倒油烧至六成热，放入姜末、葱末爆香，下胡萝卜片、木耳翻炒。

3 加入生抽、盐、白糖翻炒至熟，点香油调味即可。

热菜 肉丝炒胡萝卜

准备 15分钟　烹调 6分钟

材料 胡萝卜200克，猪肉100克。

调料 葱末、姜末各3克，盐4克，生抽、料酒、酱油各5克，淀粉适量。

做法

1 猪肉洗净，切丝，用生抽、淀粉抓匀腌渍10分钟；胡萝卜洗净，切丝。

2 油烧热，爆香葱末、姜末，倒肉丝、料酒、酱油翻炒，倒胡萝卜丝、盐炒熟即可。

热菜 拔丝红薯

准备 5分钟　烹调 15分钟

材料 红薯400克，白糖50克。

做法

1 红薯洗净，去皮，切块。

2 锅内倒油烧热，下红薯块炸黄捞出。

3 另起炒锅加油、清水、白糖，熬至白糖冒小泡，将红薯块倒入待白糖汁均匀裹住红薯块后出锅装盘即可。

茄子

性味归经	味甘，性凉，归脾、胃、大肠经
热　量	25千卡/100克可食部
功　效	保护心血管、去火、消肿

适宜人群
一般人群均可食用，尤其适宜心血管疾病患者、胃癌与直肠癌患者

慎食人群
脾胃虚寒者

○ 茄子宜和辣椒搭配。茄子富含芦丁，辣椒富含维生素C，搭配能发挥降压、美白肌肤的功能。

○ 老茄子不宜多吃，因为老茄子中含有较多茄碱，对人体不利。

番茄

性味归经	性微寒，味甘、酸，归肝、脾、胃经
热　量	19千卡/100克可食部
功　效	降脂降压、抗菌消炎、利尿、防癌抗衰

适宜人群
一般人群均可食用，尤其适合食欲不振、高血压患者

慎食人群
胃寒、关节炎、急性肠炎、溃疡患者，女性痛经者慎食生番茄

○ 番茄可在表面划十字，放入沸水中焯烫，再泡入冷水中，就能轻松剥去外皮了；番茄含维生素C，有抗氧化、抗癌作用，搭配上富含维生素E的鸡蛋同食，有护肤、抗老、防癌、促进血液循环等作用。

山药

性味归经	性平，味甘，归脾、肺、肾经
热　量	56千卡/100克可食部
功　效	促进消化、减肥、防治糖尿病及动脉硬化

适宜人群
一般人都可食用，尤其是糖尿病患者

慎食人群
便秘与腹胀的人

○ 把山药切碎食用，更容易消化吸收其中的营养物质。

○ 山药含有一种能促进合成雌激素的物质，中老年女性适量食用，能帮助缓解更年期症状。

芋头

性味归经	性平，味甘、辛，归肠、胃经
热　量	79千卡/100克可食部
功　效	保护牙齿、补中益气

适宜人群
一般人都可食用

慎食人群
过敏体质者、脾胃功能不佳者不宜多食

○ 食用芋头时，尽量避免喝太多水，以免冲淡胃液，影响消化。

○ 芋头含维生素B_1，宜和富含蒜素的洋葱搭配，可帮助消除疲劳。

○ 不能生吃芋头，一定要煮熟，否则其中的黏液会刺激咽喉。

凉菜 蒜泥茄子

准备 5分钟　烹调 25分钟

材料　茄子300克，大蒜35克。

调料　盐4克，醋8克，香油适量。

做法

1 茄子洗净，去根部，切成2段，装入盘中；大蒜去皮，切末。

2 将茄子放在蒸锅里蒸20分钟，取出，凉凉，倒掉多余的汤汁，用筷子戳散或用手撕成细条。

3 将蒜末放茄子上，加盐、醋调匀，滴上香油即可。

热菜 鱼香茄子煲

准备 15分钟　烹调 15分钟

材料　茄子条400克，猪肉末50克，冬笋丝50克。

调料　葱末、姜末、蒜末、料酒、生抽、老抽、白糖各5克，辣豆瓣酱10克，盐3克，高汤、水淀粉、淀粉各适量。

做法

1 猪肉末加料酒、淀粉和生抽腌渍10分钟；茄条放油锅中炸熟，捞出。

2 锅内留底油烧热，爆香蒜末、姜末、葱末、辣豆瓣酱，倒猪肉末炒至变色，放入笋丝翻炒。

3 倒入茄条，放生抽、老抽、盐、白糖和高汤，大火烧至茄条入味，用水淀粉勾芡。

4 锅中菜倒入预热的小煲内，小火焖5分钟即可。

热菜 茄夹子

准备 20分钟　烹调 10分钟

材料　长茄子400克，猪肉馅150克。

调料　葱末、姜末、料酒、酱油、盐各5克，面粉适量，香油少许。

做法

1 茄子洗净，去皮，切厚片，从每片中间片一刀，不切断；猪肉馅再切碎，用料酒、酱油、姜末、葱末、盐、香油拌匀腌渍10分钟。

2 每片茄子中间都抹一层肉馅，均匀地裹上面粉。

3 锅内倒油烧至六成热，下茄夹炸至金黄色熟透后捞出即可。

凉菜 冰汁番茄

准备 5分钟　烹调 10分钟

材料　番茄 400 克，鸡蛋清 1 个。

调料　冰糖 120 克。

做法

1 番茄洗净，去皮，切瓣；鸡蛋清打散。

2 锅内倒清水，放冰糖熬化，加蛋清，再分 2 次舀入清水，去浮沫，糖汁收浓后，离火，稍凉后浇在番茄瓣上即可。

烹饪提示

1. 番茄不要选择太熟过软的，八成熟就行了。
2. 番茄烫水时间要短，否则易发酸。
3. 如果将冰糖换成白糖，番茄洗净切瓣后，加入白糖，就是最家常的糖拌番茄。

凉菜 凉拌番茄

准备 10分钟　烹调 3分钟

材料　番茄 200 克，洋葱、黄瓜各 150 克，香菜段 20 克。

调料　蒜末 10 克，盐 5 克。

做法

1 番茄洗净，切片；洋葱洗净，切片；黄瓜洗净，切片。

2 将番茄片、洋葱片、黄瓜片、香菜段盛盘，倒入蒜末和盐，拌匀即可。

烹饪提示

番茄入热水中浸泡，易于去皮，但浸泡的时间不宜过长，以免影响口感。还可以搭配不同的坚果，口感也很不错。

热菜 洋葱炒番茄

准备 5分钟　烹调 5分钟

材料　番茄 200 克，洋葱 100 克。

调料　白糖、醋各 5 克，盐 2 克，水淀粉适量。

做法

1 番茄洗净，去蒂切块；洋葱洗净，切片。

2 油锅烧热，倒洋葱片、番茄块，加白糖、醋、盐翻炒，加水烧开，焖煮 1 分钟，用水淀粉勾芡即可。

营养功效

番茄经过烹饪后会产生大量的番茄红素，番茄红素具有很强的抗氧化性，可以延缓衰老。

热菜 番茄炒山药 准备10分钟 烹调8分钟

材料 山药 200 克，番茄块 100 克。
调料 葱末、姜末、盐各 5 克，香油适量。
做法

1 山药洗净，削皮切片，焯一下捞出。
2 油烧热，爆香葱末、姜末，放番茄块煸炒，倒入山药片，放盐炒熟，点香油即可。

热菜 家常炒山药 准备10分钟 烹调8分钟

材料 山药片200 克，胡萝卜片、木耳各50克。
调料 葱末、姜末各3克，盐、香菜段各4克。
做法

1 将山药片焯一下捞出。
2 油锅烧热，爆香葱末、姜末，放山药片翻炒，倒胡萝卜片、木耳炒熟，加盐调味，撒香菜段即可。

热菜 蛋黄焗山药 准备10分钟 烹调10分钟

材料 山药片 200 克，咸鸭蛋黄碎 2 个。
调料 盐 2 克，鸡蛋液 60 克，面粉适量。
做法

1 鸡蛋液加面粉、盐和少许水调成面糊；山药片裹上面糊，炸至金黄色捞出。
2 油锅烧热，放咸鸭蛋黄碎炒至起沫，倒入山药片炒匀即可。

热菜 剁椒芋头 准备8分钟 烹调10分钟

材料 芋头 300 克，剁椒 25 克。
调料 生抽 10 克，葱花 5 克。
做法

1 芋头去皮洗净，沥干水分，切片。
2 油锅烧热，倒芋头片翻炒，加适量水、生抽焖煮至汤汁变少变稠，加入剁椒炒匀，改大火收汁，撒上葱花即可。

莲藕

性味归经	生藕性寒，味甘；熟藕性温，味甘，归心、脾、肺经
热　　量	70千卡/100克可食部
功　　效	益血生肌、止血散瘀

适宜人群　一般人都可食用，尤其适宜高血压、肝病、缺铁性贫血患者

慎食人群　产妇、脾胃功能不佳者不宜生食

○　新鲜未经漂白的藕表面干燥，表皮微微发黄，断口的地方会闻到一股清香味，吃起来带有甜味。

○　莲藕适宜和猪肉搭配食用，有健胃壮体的功效。

○　莲藕和百合搭配食用，润肺、止咳、安神的功效倍增。

蒜薹

性味归经	性温，味辛，归脾、胃、肺经
热　　量	70千卡/100克可食部
功　　效	温中下气、调和脏腑、补虚、活血、防癌、杀菌

适宜人群　一般人都可食用

慎食人群　消化能力不好的人

○　蒜薹主要用于炒食，或做配料，不要烹制得过烂，以免辣素被破坏，降低杀菌作用。

洋葱

性味归经	性温，味辛，归肝、肺经
热　　量	39千卡/100克可食部
功　　效	防癌抗老、防治骨质疏松和糖尿病

适宜人群　一般人都可食用

慎食人群　热病患者、容易胀气的人

○　洋葱的外皮容易残留污染物质或发霉，处理时，可先切除头尾两端，对剖成半，剥除褐色的外皮，再切块或切丝。

○　将洋葱剥皮后，放入水中浸泡20分钟再切，能减缓其刺激性。

竹笋

性味归经	性微寒，味甘，归胃、肺经
热　　量	19千卡/100克可食部
功　　效	减肥、消除疲劳、清热解毒、预防便秘、防癌、降血压

适宜人群　一般人都可食用

慎食人群　胃肠不佳者、痛风患者

○　竹笋中含草酸，食用过多容易诱发或加重肾结石症状。烹调前，最好放入沸水中焯烫以去除草酸。

○　竹笋含有较多水分和膳食纤维，能吸附多余的油脂，适合和肉类同食。

凉菜 冰果鲜藕

准备 30 分钟　烹调 2 分钟

材料　藕 300 克，冰激凌 100 克，小番茄、菠萝块各适量。

调料　白糖 30 克。

做法

1 藕洗净，去皮，切片，撒白糖，腌入味；小番茄洗净。

2 将冰激凌倒在藕片上，用小番茄、菠萝块做装饰即可。

凉菜 桂花糯米藕

准备 3.5 小时　烹调 2 小时

材料　藕 300 克，糯米 60 克，红枣 30 克，法香适量。

调料　红糖、蜂蜜各 30 克，干桂花 2 克。

做法

1 藕去皮，洗净，将藕节一端切下，沥干；糯米洗净，浸泡 3 小时，加白糖拌匀；将糯米灌入藕孔，将切下的藕节头放回原位，用牙签插牢，以防漏米。

2 锅内放藕，倒入清水稍没过藕，加红糖烧开，转小火炖 1 小时，加红枣、干桂花、蜂蜜继续煮半小时。

3 将煮好的糯米藕取出凉凉，切片，用法香装饰即可。

热菜 麻辣藕丁

准备 10 分钟　烹调 5 分钟

材料　藕 300 克，里脊肉 50 克。

调料　葱丝、姜丝、盐各 4 克，干红辣椒段 5 克，花椒粉 2 克。

做法

1 将藕洗净，去皮，切丁，焯烫，捞出，控净水；里脊肉洗净，切丁，放油锅中滑至七成熟，盛出。

2 油锅烧热，爆香葱丝、姜丝和干红辣椒段，倒藕丁翻炒，放里脊肉丁，加盐、花椒粉炒匀即可。

热菜 蒜薹木耳炒蛋

准备 5分钟　烹调 8分钟

材料 蒜薹200克，水发木耳50克，鸡蛋2个。

调料 酱油10克，盐2克。

做法

1. 蒜薹择洗干净，切段；木耳洗净，撕成小朵；鸡蛋打散。
2. 锅置火上，倒油烧热，放入鸡蛋炒熟炒散，盛出。
3. 锅留底油烧热，放入蒜薹段翻炒至九成熟，加入木耳、酱油、盐翻炒，最后放入鸡蛋炒匀即可。

烹饪提示

喜欢口感软一点的朋友，在炒蒜薹时，可以转小火盖锅盖焖两三分钟。

凉菜 美极洋葱

准备 3分钟　烹调 5分钟

材料 洋葱350克。

调料 美极鲜酱油、醋各10克，盐3克，香油、香菜叶各少许，鲜汤适量。

做法

1. 洋葱剥去外皮，一切为二，先切成约0.5厘米厚的片，再切成丝，盛入盘中。
2. 将鲜汤、美极鲜酱油、醋、盐、香油倒入碗中调成味汁，浇在洋葱丝上拌匀，放入香菜叶即可。

营养功效

洋葱中所含的前列素A，可以降低血液黏稠度、抑制血栓的形成，具有降压降脂的功效。

热菜 鸡蛋炒洋葱

准备 5分钟　烹调 5分钟

材料 洋葱200克，鸡蛋2个，红椒丁10克。

调料 酱油5克，盐4克。

做法

1. 洋葱去老皮，洗净切丝；鸡蛋打成蛋液，加红椒丁、洋葱丝搅匀。
2. 油锅烧热，倒蛋液翻炒，炒至洋葱变软即可。

营养功效

洋葱炒鸡蛋有益智补脑，美容护肤，促进消化，降压降脂的作用。

热菜 腊肉炒竹笋

准备 5分钟　烹调 15分钟

材料　竹笋250克，腊肉100克。

调料　姜末、盐各2克，料酒、干红辣椒段各5克。

做法

1 竹笋、腊肉分别洗净。

2 锅置火上，倒入清水、竹笋、腊肉大火煮开，凉凉后分别切片。

3 锅内倒油，烧至六成热，下姜末、干红辣椒段爆香，下腊肉片煸炒出油，倒入竹笋片，加料酒和盐，翻炒至熟即可。

热菜 干煸冬笋

准备 5分钟　烹调 10分钟

材料　冬笋300克，肥瘦猪肉50克。

调料　料酒、酱油、白糖各5克，葱末、姜末、盐各3克，香油少许。

做法

1 冬笋洗净，切成长条；猪肉洗净切成小粒。

2 锅内倒油烧热，下笋条炸至金黄色捞出，控油。

3 锅内留底油烧热，下葱末、姜末爆香，倒入猪肉粒煸炒至变色后，放料酒、盐、酱油、白糖翻炒均匀，最后将笋条放入翻炒片刻，点香油调味即可。

热菜 油菜烧冬笋

准备 5分钟　烹调 5分钟

材料　冬笋300克，油菜心150克。

调料　葱末、姜末、干红辣椒、白糖各5克，盐2克，郫县豆瓣酱20克。

做法

1 冬笋洗净，切成滚刀块；油菜心择洗干净。

2 锅内倒清水烧沸，加入少许盐，将油菜心和冬笋分别焯烫捞出，将油菜心均匀摆在盘中。

3 锅内倒油烧热，煸香葱末、姜末、郫县豆瓣酱，倒冬笋块，加白糖和盐翻炒1分钟，倒在摆好的油菜上即可。

芦笋

性味归经	性寒，味甘，归肺、胃经
热　　量	19千卡/100克可食部
功　　效	调节免疫力、护眼保肝

适宜人群　一般人都可食用

慎食人群　痛风、泌尿道结石患者

○ 芦笋适合鲜食，脆嫩清香，可炒、煮、炖或凉拌。

○ 芦笋烹调前先切成条，用清水浸泡20~30分钟，可去苦味。

○ 芦笋不宜放置过久或高温久煮，否则会造成叶酸流失，致使抗癌效果下降。

莴笋

性味归经	性寒，味苦，入心、胃经
热　　量	14千卡/100克可食部
功　　效	利尿、通乳、利于骨骼发育

适宜人群　一般人都可食用，高血压、失眠患者及水肿和秋季咳嗽者宜多食

慎食人群　眼疾患者尤其是夜盲症患者不宜多食

○ 莴笋叶的营养价值很高，烹调时宜带叶烹饪。

○ 莴笋宜和大蒜、木耳搭配，对防治高血压、高脂血症、糖尿病有一定作用。

西葫芦

性味归经	性凉，味甘，归肺、肝经
热　　量	18千卡/100克可食部
功　　效	清热利尿、除烦止渴、润肺止咳

适宜人群　一般人群皆可，特别适合糖尿病、水肿腹胀患者

慎食人群　脾胃虚寒者

○ 选购西葫芦时，要看它的颜色是否为鲜绿，瓜体要均匀周正，表面应光滑无疙瘩，没有损伤和溃烂。

○ 西葫芦营养丰富，含钠盐较低，糖尿病患者可以常食。

土豆

性味归经	性平，味甘，归胃、大肠经
热　　量	76千卡/100克可食部
功　　效	养胃健脾、降压、通便

适宜人群　一般人都可食用

慎食人群　高钾血症患者、肝病晚期患者

○ 土豆含有糖类，宜和富含维生素B_1和锌的猪肉搭配食用，有助于消除疲劳。

○ 切好的土豆不宜放在水中浸泡时间过常，3~5分钟即可，否则会使其含有的维生素C和钾大量流失。

热菜 炝炒芦笋

准备 5分钟　烹调 5分钟

材料　芦笋 300 克。

调料　干红辣椒 10 克，蒜末、料酒各 5 克，盐 3 克，花椒各少许。

做法

1 芦笋洗净，根部去老皮，切段，焯烫。

2 锅内倒油烧热，爆香花椒、蒜末、干红辣椒，倒芦笋段，加盐、料酒炒熟即可。

热菜 百合炒芦笋

准备 10分钟　烹调 5分钟

材料　芦笋 200 克，鲜百合 100 克。

调料　盐 3 克，白糖、水淀粉各 10 克。

做法

1 芦笋洗净，根部去老皮，切段，焯熟；鲜百合掰成瓣，洗净。

2 锅内倒油烧热，放百合、芦笋段翻炒，加盐、白糖、少许水炒熟，用水淀粉勾芡即可。

热菜 芦笋炒肉

准备 15分钟　烹调 6分钟

材料　芦笋 200 克，猪里脊肉片 100 克。

调料　葱末、姜末、盐、酱油各5克，淀粉适量。

做法

1 猪里脊肉片用盐、酱油和淀粉腌渍，滑至变色时盛出；芦笋焯熟，捞出，切段。

2 油锅烧热，爆香葱末、姜末，下芦笋段煸炒，加酱油、盐，倒肉片翻匀即可。

凉菜 凉拌莴笋丝

准备 8分钟　烹调 3分钟

材料　莴笋 400 克。

调料　醋 10 克，盐、白糖、香油各少许。

做法

1 莴笋去叶，削去皮，切成细丝。

2 将莴笋丝放入容器，放入盐、白糖、醋、香油拌匀即可。

热菜 山药木耳炒莴笋 准备 8分钟 烹调 10分钟

材料 莴笋300克，山药片、水发木耳各50克。

调料 醋5克，葱丝、白糖、盐各3克。

做法

1 莴笋去叶，去皮，切片；水发木耳洗净，撕小朵；山药片和木耳分别焯烫，捞出。

2 油锅烧热，爆香葱丝，倒莴笋片、木耳、山药片炒熟，放盐、白糖、醋即可。

热菜 莴笋炒肚条 准备 8分钟 烹调 8分钟

材料 莴笋条200克，熟猪肚条100克。

调料 葱末、姜末、蒜末、盐各3克，料酒5克，胡椒粉、高汤各适量。

做法

1 油锅烧热，爆香葱末、姜末、蒜末。

2 下猪肚条煸炒，加料酒，倒莴笋条炒匀，加高汤，放盐、胡椒粉炒熟即可。

凉菜 糖醋西葫芦丁 准备 35分钟 烹调 25分钟

材料 西葫芦丁300克，柿子椒丁30克。

调料 白糖30克，醋20克，盐2克，味精少许。

做法

1 西葫芦丁和柿子椒丁加盐拌匀，腌渍。

2 锅内倒水烧沸，放白糖和盐烧至化，关火凉凉，倒醋搅匀，将糖醋汁浇在西葫芦丁和柿子椒丁上，腌渍20分钟即可。

热菜 醋熘土豆丝 准备 10分钟 烹调 5分钟

材料 土豆300克。

调料 葱丝、蒜末、盐各4克，干红辣椒段、醋各10克。

做法

1 土豆洗净，削皮切丝，浸泡5分钟。

2 锅内倒油烧热，爆香干红辣椒段和葱丝、蒜末，倒土豆丝翻炒，烹醋，加盐继续翻炒至熟即可。

热菜 香辣土豆丝

准备 10分钟　烹调 10分钟

材料　土豆300克。

调料　葱丝、姜丝、蒜片各10克，干红辣椒丝、白糖各8克，盐适量。

做法

1 土豆洗净削皮，切丝，放入清水中泡5分钟，捞出控干。

2 锅置火上，倒油烧至五成热，放入土豆丝炸至金黄色，捞出，控油。

3 锅内留底油烧热，放入葱丝、姜丝、蒜片、干红辣椒丝炒香，放入土豆丝翻炒，加盐、白糖调味即可。

— 烹饪提示 —
油炸土豆时油温别太高，否则易糊。

热菜 雪菜炒土豆

准备 35分钟　烹调 10分钟

材料　土豆250克，雪里蕻（雪菜）、豆腐干、花生仁各50克。

调料　葱花、蒜末各5克，酱油10克，盐2克，大料1个。

做法

1 土豆去皮，洗净，切丁，入开水中煮至七成熟，用清水洗一下；雪里蕻洗净，切碎；豆腐干切丁；花生仁入水中加大料煮熟。

2 锅置火上，倒油烧热，下入葱花、蒜末炒香，放入土豆丁大火翻炒几下，放入酱油、盐，土豆上色后，放入雪里蕻碎、豆腐干丁、花生仁翻炒均匀即可。

热菜 地三鲜

准备 10分钟　烹调 15分钟

材料　土豆块、茄子块各200克，柿子椒片100克。

调料　葱末、盐、白糖各3克，蒜末5克，老抽8克，水淀粉10克。

做法

1 锅中多放些油，将茄子块、土豆块和柿子椒片分别过油，茄子块炸至变软，土豆块炸至金黄，柿子椒片稍微过油即可。

2 油烧热，炒香蒜末，放茄子块、土豆块，倒老抽翻炒后，加盖烧5分钟，倒柿子椒片，加白糖和盐调味，倒水淀粉勾芡，撒葱末即可。

— 营养功效 —
土豆中富含钾和钙，能够预防高血压，保护心脏健康。

黄瓜

性味归经	性凉，味甘，归脾、胃、大肠经
热 量	15千卡/100克可食部
功 效	减肥、美容、利尿、解毒

适宜人群 一般人群都可食用，尤其适合肥胖、高血压、水肿、高胆固醇、糖尿病患者

慎食人群 脾胃虚弱、腹痛腹泻、肺寒咳嗽者

○ 黄瓜应带些尾部一起吃。黄瓜尾部含有较多的苦味素，有抗癌的作用，所以吃黄瓜时不要把黄瓜尾部全部丢掉。

○ 腌黄瓜的时间不宜太久，否则容易出水变软，口感也会变差，有些水溶性营养素也会流失。

南瓜

性味归经	性温，味甘，归脾、胃经
热 量	22千卡/100克可食部
功 效	解毒、调节血糖、防癌抗癌、促进生长发育

适宜人群 一般人都可食用

慎食人群 毒疮、黄疸患者

○ 南瓜含维生素C，适宜与富含蛋白质的虾搭配，能促进胶原蛋白合成，有助于预防黑斑和雀斑生成，还可消除疲劳。

○ 南瓜含有胡萝卜素，与油同炒，有助于人体吸收胡萝卜素。

丝瓜

性味归经	性凉，味甘，归肝、胃经
热 量	20千卡/100克可食部
功 效	润肤、去皱、美白、调经活血、抗病毒、抗过敏

适宜人群 一般人都可食用

慎食人群 脾胃虚寒、大便溏薄者

○ 宜选择丝瓜柄坚硬、表皮呈鲜绿色且没有伤痕的丝瓜。

○ 一般烹调时，以新鲜丝瓜为佳，但嫩丝瓜性偏凉，多吃不利于体质虚弱的人；作为药用，可以用老丝瓜，效果比较好。

冬瓜

性味归经	性凉，味甘、淡，归肺、大肠、小肠、膀胱经
热 量	11千卡/100克可食部
功 效	利尿消肿、减肥、美容护肤

适宜人群 一般人都可食用，适合高血压、糖尿病、冠心病患者和肥胖者食用

慎食人群 久病体弱者、脾胃虚寒者慎食

○ 冬瓜与肉同煮汤时，要后放，用小火慢炖，以免冬瓜过度熟烂。

○ 冬瓜皮的利尿效果比肉好，所以要想利尿，不要去皮炖制。

凉菜 拍黄瓜

准备 5 分钟 　烹调 2 分钟

材料　黄瓜 300 克。
调料　蒜末、醋各 10 克，生抽 5 克，盐 3 克，香油少许。
做法
1 黄瓜洗净，用刀拍裂，切成块。
2 将黄瓜和蒜末、醋、生抽、盐、香油拌匀即可。

热菜 酱爆黄瓜丁

准备 5 分钟 　烹调 3 分钟

材料　黄瓜 300 克。
调料　葱末、姜末、蒜末、白糖各 3 克，甜面酱 15 克。
做法
1 黄瓜洗净切丁。
2 油锅烧热，爆香葱末、姜末、蒜末，倒黄瓜丁和甜面酱、白糖翻炒熟即可。

热菜 鸡蛋炒黄瓜

准备 5 分钟 　烹调 5 分钟

材料　黄瓜 200 克，鸡蛋 2 个。
调料　葱丝、盐各 3 克，香油少许。
做法
1 黄瓜洗净切片；鸡蛋加少许盐打成蛋液，炒熟、炒碎后盛出。
2 锅内倒油烧热，煸香葱丝，倒黄瓜片翻炒，加盐，倒鸡蛋碎炒匀，点香油即可。

热菜 肉丝炒黄瓜

准备 10 分钟 　烹调 8 分钟

材料　黄瓜丝 200 克，肉丝 100 克，胡萝卜丝 50 克。
调料　葱丝、盐各 3 克，酱油、淀粉各 5 克。
做法
1 肉丝用料酒、淀粉腌渍 10 分钟。
2 油锅烧热，煸香葱丝，倒肉丝炒变色，加酱油，倒胡萝卜丝翻炒，下黄瓜丝，加盐炒熟即可。

南瓜沙拉

准备 5分钟　烹调 15分钟

材料　南瓜300克，胡萝卜50克，豌豆30克。

调料　沙拉酱20克，盐2克。

做法

1 南瓜去皮洗净，去瓤，切成丁；胡萝卜洗净削皮，切成丁。

2 锅置火上，加清水烧沸，将南瓜丁、胡萝卜丁和豌豆下沸水煮熟后捞出，凉凉。

3 将南瓜丁、胡萝卜丁、豌豆盛入碗中，加入沙拉酱、盐拌匀即可。

热菜 ## 八宝南瓜

准备 20分钟　烹调 20分钟

材料　南瓜300克，鸡胸肉丁50克，胡萝卜丁、芹菜丁、香菇丁、洋葱丁、豌豆、玉米粒、豆腐干丁各30克。

调料　葱末、姜末、盐各3克，酱油、白糖、生抽各5克，淀粉适量。

做法

1 南瓜从1/4处切开，挖出内瓤；鸡胸肉丁用淀粉和生抽腌渍；玉米、豌豆和豆腐干丁焯熟。

2 油烧热，煸香葱末、姜末，倒鸡丁、香菇丁、胡萝卜丁、洋葱丁、芹菜丁翻炒，加盐、酱油、白糖和水，倒玉米粒、豌豆、豆腐干丁炒匀。

3 将八宝倒南瓜杯中，蒸15分钟即可。

热菜 ## 咸蛋黄炒南瓜

准备 5分钟　烹调 10分钟

材料　南瓜300克，熟咸鸭蛋黄碎50克。

调料　葱段5克。

做法

1 南瓜去皮、瓤，切片。

2 锅置火上，倒油烧至五成热，下葱段爆香，倒入南瓜片煸炒至熟。

3 加入研碎的咸鸭蛋黄，和南瓜片翻炒均匀即可。

热菜 毛豆烧丝瓜 准备 5分钟 烹调 15分钟

材料 丝瓜块 250 克，毛豆粒 100 克。
调料 葱丝、姜末、盐各 4 克，水淀粉适量。
做法
1 油锅烧热，煸香葱丝、姜末，放毛豆粒、水烧 10 分钟。
2 油锅烧热，下丝瓜块炒软，倒毛豆粒，加盐，用水淀粉勾芡即可。

热菜 麻辣冬瓜 准备 5分钟 烹调 10分钟

材料 冬瓜 400 克。
调料 干红辣椒 10 克，酱油 5 克，盐 3 克，花椒粉少许。
做法
1 冬瓜去皮、瓤，切片；干红辣椒切段。
2 锅内倒油烧热，下干红辣椒段爆香，倒入冬瓜片，加酱油、盐翻炒至冬瓜熟软时，加入花椒粉翻炒均匀即可。

热菜 火腿冬瓜夹 准备 10分钟 烹调 20分钟

材料 冬瓜300克，火腿片100克，香菜末20克。
调料 盐 5 克，高汤、水淀粉各适量。
做法
1 冬瓜削皮去瓤，洗净，切成厚片，在厚片中间片一刀，不要切断；在每片冬瓜里夹入一片火腿，摆入盘中。
2 高汤中放盐，均匀地浇在冬瓜夹上。
3 将冬瓜夹放入锅中蒸约 15 分钟，取出。
4 将盘内的汤汁倒入锅内烧开，加盐调味，用水淀粉勾芡浇在冬瓜夹上即可。

热菜 海米冬瓜 准备 10分钟 烹调 10分钟

材料 冬瓜片 400 克，泡软的海米 20 克。
调料 葱花、姜末、盐各 4 克，料酒 10 克，水淀粉 15 克。
做法
1 冬瓜片用盐腌 5 分钟，滗水，过油，捞出。
2 油锅烧热，爆香葱花、姜末，加水、盐、海米、料酒，放冬瓜片烧入味，用水淀粉勾芡即可。

辣椒

性味归经	性热，味辛，归心、脾经
热　量	32千卡/100克可食部
功　效	促进食欲、减肥瘦身、抗寒

适宜人群　一般人都可食用，尤其适合食欲不振、容易感冒的人

慎食人群　产妇，痔疮、胆囊炎、口腔溃疡患者，胃肠功能不佳者，有眼疾者

○　辣椒搭配生姜、泡菜，腌制食用，可促进新陈代谢，燃烧脂肪。

○　辣椒富含β-胡萝卜素，宜和富含维生素C的绿叶蔬菜搭配，可预防癌症和动脉硬化。

香椒

性味归经	性平，味苦、涩，归肝、胃、肾经
热　量	47千卡/100克可食部
功　效	健脾开胃、增加食欲、润滑肌肤、清热利湿，可辅助治疗蛔虫病

适宜人群　一般人都可食用

慎食人群　慢性病患者

○　挑选颜色碧绿、香味较大、无腐烂的香椿。

○　香椿中亚硝酸盐含量较多，最好用沸水焯烫后再食用，并且不要食用未熟透的香椿。

玉米

性味归经	性平，味甘，归胃、肠经
热　量	106千卡/100克可食部
功　效	排毒、护眼明目、延缓衰老、健脑

适宜人群　一般人都可食用，尤其是习惯性便秘者

慎食人群　易腹胀的人

○　玉米的胚尖营养丰富，食用玉米粒时应把胚尖全部吃掉。

○　食用鲜玉米以六七成熟为好，太嫩水分太多，太老淀粉增加、蛋白质减少，口味也欠佳。

苦瓜

性味归经	味苦，性寒，归心、肝经
热　量	19千卡/100克可食部
功　效	消炎退热、防癌抗癌、调节血糖、健脾开胃

适宜人群　一般人都可食用，尤其适合上火和长痱子的人

慎食人群　孕妇、经期女性、脾胃虚寒者

○　烹调苦瓜最好大火快炒或凉拌，烹调时间过长，水溶性的维生素会释出流入菜汁中，或者随着加热的蒸汽挥发，影响口感，降低营养价值。

○　苦瓜性寒，一次不要吃得过多，一般人每次吃80克左右为宜。

凉菜 豉油辣椒圈

准备 5 分钟　烹调 5 分钟

材料　青辣椒 200 克，红辣椒 60 克。
调料　豉油 25 克，醋 10 克，盐 2 克。
做法

1 青辣椒和红辣椒分别洗净，去蒂、子，切成圈，烫熟，盛出放入盘中。
2 将所有调料拌匀，浇在辣椒圈上拌匀即可。

热菜 虎皮尖椒

准备 5 分钟　烹调 8 分钟

材料　尖椒 250 克，熟花生仁少许。
调料　盐 3 克，酱油、香油各 10 克。
做法

1 尖椒洗净，去蒂，去子，放油锅中大火炸至表面呈虎皮状，捞出，控油，盛盘。
2 油锅烧热，放盐、酱油、香油炒匀，淋在尖椒上，撒熟花生仁即可。

热菜 鸡蛋炒尖椒

准备 5 分钟　烹调 5 分钟

材料　尖椒片 150 克，鸡蛋 2 个。
调料　蒜末、盐各 4 克，香油少许。
做法

1 鸡蛋打成蛋液，炒熟、炒碎。
2 锅内倒入油烧热，将蒜末爆香，下青椒片翻炒至七成熟时，倒入鸡蛋碎，加盐，点香油调味，翻炒均匀即可。

热菜 香椿炒蛋

准备 5 分钟　烹调 4 分钟

材料　嫩香椿芽 150 克，鸡蛋 2 个。
调料　盐 3 克。
做法

1 香椿芽择洗干净，切小段；鸡蛋打成蛋液。
2 将香椿段和蛋液加盐搅拌均匀。
3 锅置火上，加油烧至六成热，下香椿蛋液炒熟即可。

热菜 松仁玉米

准备 5分钟　烹调 4分钟

材料　嫩玉米粒200克，熟黄瓜丁50克，去皮松仁30克。

调料　盐3克，白糖5克，水淀粉10克。

做法

1 玉米粒洗净，焯水，捞出；松仁炸香，捞出。

2 油锅烧热，放玉米粒、黄瓜丁炒熟，加盐、白糖，用水淀粉勾芡，加松仁即可。

热菜 番茄炒玉米

准备 5分钟　烹调 5分钟

材料　番茄丁、甜玉米粒各200克。

调料　葱花、盐各4克，白糖3克。

做法

1 甜玉米粒洗净，沥干。

2 锅置火上，倒油烧热，放入番茄丁、玉米粒炒熟，加入盐、白糖调味，撒葱花即可。

凉菜 凉拌苦瓜

准备 5分钟　烹调 2分钟

材料　苦瓜300克。

调料　盐4克，蒜末、醋各5克，干辣椒段适量。

做法

1 苦瓜洗净，切开，去瓤，切成片，焯熟后捞出过凉，控净水。

2 将苦瓜片和蒜末、盐、醋、干辣椒段拌匀即可。

热菜 蒜蓉苦瓜

准备 8分钟　烹调 5分钟

材料　苦瓜300克，蒜蓉15克，红椒片25克。

调料　盐3克。

做法

1 苦瓜洗净，切开，去瓤，切片，放入盐水中浸泡5分钟。

2 油烧热，爆香蒜蓉，倒苦瓜片炒熟，加盐、红椒片炒匀即可。

PART

5

营养菌豆

高蛋白低脂肪的
健康菜式

家常菌豆巧处理全图解

香菇巧处理

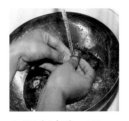

1 用水冲洗一下。　　**2** 用温水泡软。　　**3** 剪去蒂部。　　**4** 再冲洗干净。

金针菇巧处理

1 切去根部。　　**2** 分开。　　**3** 浸泡5分钟。　　**4** 用清水洗净即可。

木耳巧处理

1 用水冲洗一下。　　**2** 用清水泡发。　　**3** 清洗干净。　　**4** 去硬蒂，撕小朵。

豆腐巧处理

1 用水冲洗一遍。　　**2** 放盐水中浸泡5分钟。　　**3** 根据需要切成三角片或块。

香菇

性味归经	性平，味甘，归脾、胃经
热　量	19千卡/100克可食部
功　效	防癌抗癌、降压降脂、调节免疫力、防治便秘

适宜人群　一般人都可食用，尤其适合身体虚弱、久病气虚、食欲不振的人

慎食人群　皮肤瘙痒、脾胃虚寒者

○ 使用干香菇烹调前，最好先用温水将香菇适度泡发，这样能将其中所含的核糖核酸催化而释出鲜味物质，但不要浸泡过久，以免营养流失。

○ 不要食用长得特别大朵的新鲜香菇，有可能是施用激素催肥的，常食有害健康。

平菇

性味归经	性温，味甘，归肝、胃经
热　量	20千卡/100克可食部
功　效	防癌抗癌、增强体质

适宜人群　一般人都可食用，尤其适合体弱者、心血管疾病患者及癌症患者食用

慎食人群　菌类食用过敏者

○ 平菇宜和豆腐搭配食用，有益气和中、生津润喉、降脂降压的作用。

○ 猪肉和平菇搭配，能改善人体新陈代谢、增强体质。

○ 新鲜的平菇出水较多，易被炒老，所以不要烹调过长时间，也可以在烹调前入沸水焯去多余的水分。

金针菇

性味归经	性寒，味咸，归肝、胃、肠经
热　量	26千卡/100克可食部
功　效	减肥、稳定情绪、预防便秘、抗癌、促进新陈代谢

适宜人群　一般人都可食用

慎食人群　肾病患者、常排软便的人

○ 金针菇中含维生素B_1，能帮助糖类与脂肪代谢，适合减肥者食用。

○ 选购金针菇时宜选菇伞小的，菇伞大的说明已老。

草菇

性味归经	性寒，味甘，归脾、胃经
热　量	22千卡/100克可食部
功　效	调节人体免疫力、防癌抗癌、排毒

适宜人群　一般人都可食用

慎食人群　脾胃虚寒者

○ 草菇宜和豆腐搭配食用，有补脾益气的功效。

○ 挑选草菇时，应选择菇体弹性好，手感不黏、不湿的。

○ 清洗草菇不宜浸泡时间过长，不然营养素会大量流失。

热菜 蒸三素 准备 10分钟 烹调 15分钟

材料 香菇丝、胡萝卜丝、白菜丝各100克。

调料 盐4克，香油少许，水淀粉适量。

做法

1 取小碗，抹油，放香菇丝、胡萝卜丝、白菜丝蒸10分钟，倒扣入盘。

2 锅内倒水烧开，加盐、香油调味，淋入水淀粉，将芡汁倒盘中即可。

热菜 平菇烧白菜 准备 5分钟 烹调 10分钟

材料 平菇200克，白菜片150克。

调料 姜末、盐各3克，生抽5克，水淀粉适量。

做法

1 平菇洗净，撕小朵，和白菜片焯烫捞出。

2 锅内倒油烧热，爆香姜末，倒入白菜片和平菇翻炒，加盐、生抽炒熟，用水淀粉勾芡即可。

热菜 酥炸鲜香菇 准备 5分钟 烹调 10分钟

材料 鲜香菇12朵，鸡蛋清1个。

调料 蒜蓉10克，生抽各6克，盐3克，水淀粉、淀粉、白糖各适量。

做法

1 香菇洗净，去蒂，加蛋清、淀粉、盐拌匀；生抽、白糖、水淀粉调成味汁。

2 锅内倒油烧热，炒香蒜蓉，放香菇煎至两面略微发焦，倒味汁翻匀，收汁即可。

热菜 红烧平菇 准备 5分钟 烹调 8分钟

材料 平菇300克。

调料 蒜片、葱段各5克，料酒10克，酱油15克，盐2克，水淀粉、高汤各适量。

做法

1 平菇洗净，撕成小片，焯水，捞出。

2 油锅烧热，炒香蒜片、葱段，加料酒、酱油、高汤，放平菇片、盐烧开，勾芡即可。

热菜 平菇肉片　准备15分钟　烹调8分钟

材料　平菇片200克，肥瘦猪肉片100克。

调料　姜末、葱末、盐各4克，料酒、酱油各5克，淀粉适量。

做法

1　肥瘦猪肉片用淀粉、料酒、酱油腌渍。

2　油锅烧热，爆香姜末、葱末，倒肉片炒变色，倒平菇片炒熟，加盐即可。

凉菜 黄瓜拌金针菇　准备5分钟　烹调5分钟

材料　金针菇150克，黄瓜丝100克。

调料　醋、白糖各5克，盐3克，花椒、香油各少许。

做法

1　金针菇洗净，去根，焯熟，捞出。

2　金针菇和黄瓜丝放在盘内，放盐、醋、白糖和香油；锅内倒油烧热，炸香花椒，浇在金针菇上拌匀即可。

热菜 素炒金针菇　准备5分钟　烹调3分钟

材料　金针菇200克，水发木耳50克。

调料　葱末、姜丝各5克，盐4克，鲜汤适量。

做法

1　金针菇洗净，去根；木耳洗净，撕小朵。

2　锅内倒油烧热，爆香葱末、姜丝，放木耳翻炒，下金针菇、盐、鲜汤翻炒至熟即可。

热菜 金针菇炒肉丝　准备15分钟　烹调5分钟

材料　金针菇200克，肉丝、红椒丝各50克。

调料　酱油5克，盐3克，淀粉适量。

做法

1　金针菇洗净、切去根，切段；肉丝用酱油、盐和淀粉腌渍，滑炒至变色，盛出。

2　锅内倒油烧热，放金针菇煸炒，加酱油、盐翻炒，倒肉丝和红椒丝翻匀即可。

热菜 干烧草菇 10 准备分钟 5 烹调分钟

材料 草菇200克，青椒片、红椒片各30克。

调料 料酒5克，盐、白糖各3克，高汤、水淀粉各适量。

做法

1 草菇洗净切片。

2 锅内倒油烧热，下草菇片煸炒，烹料酒，倒入高汤，焖烧2分钟，放青椒片、红椒片翻炒，用水淀粉勾芡即可。

热菜 番茄炒草菇 5 准备分钟 5 烹调分钟

材料 草菇200克，番茄块50克。

调料 葱末、姜末、盐各3克，水淀粉适量。

做法

1 草菇洗净，切成两半。

2 锅内倒油烧热，爆香姜末，倒草菇翻炒，加盐，倒番茄块炒熟，用水淀粉勾芡，撒葱末即可。

热菜 草菇烩豆腐 5 准备分钟 8 烹调分钟

材料 草菇、豆腐块各200克，熟豌豆20克。

调料 葱末、姜末、盐各3克，料酒、水淀粉各适量。

做法

1 草菇洗净，对切成两半。

2 油锅烧热，爆香葱末、姜末，倒草菇，烹料酒，放豆腐块，加盐烧至入味，放熟豌豆炒匀，用水淀粉勾芡即可。

热菜 草菇虾仁 15 准备分钟 5 烹调分钟

材料 草菇150克，虾仁200克，鸡蛋1个。

调料 料酒5克，盐4克，淀粉、水淀粉各适量。

做法

1 草菇洗净；鸡蛋取清；虾仁洗净，用蛋清、淀粉腌渍10分钟，滑散后盛出。

2 锅内留底油，下草菇煸炒，加盐、料酒翻匀，倒虾仁炒熟，用水淀粉勾芡即可。

口蘑

性味归经	性平，味甘，归心、肺经
热　量	242千卡/100克可食部（干品）
功　效	调节免疫力、通便排毒

适宜人群　一般人都可食用

慎食人群　肾病患者

○ 清洗口蘑时，宜用淡盐水先浸泡几分钟，再用手轻轻搓洗。

○ 口蘑宜和冬瓜搭配食用，有降低血压的作用。

○ 口蘑和驴肉搭配，有可能导致腹泻、腹痛。

茶树菇

性味归经	性平，味甘，入脾、胃、肾经
热　量	279千卡/100克可食部（干品）
功　效	健脾胃、增强记忆力、降低胆固醇

适宜人群　一般人都适合，尤其适合高血压、心血管和肥胖患者食用

慎食人群　久病体虚之人

○ 挑选时，茶树菇的大小、粗细最好是一致的，这样烹饪时成熟度也比较一致。

○ 茶树菇是高蛋白、低脂肪、低糖分的食用菌。可与肉类煲汤或用来焖肉，还可用作主菜，味道鲜香美味。

猴头菇

性味归经	性平，味甘，归胃、脾经
热　量	13千卡/100克可食部
功　效	调节免疫功能、防癌抗癌、预防消化道疾病

适宜人群　一般人都可食用

慎食人群　阴虚燥热之人

○ 干猴头菇适宜用水泡发，而不宜用醋泡发。

○ 猴头菇要做得软烂如豆腐，其营养成分才能较好地析出，更易于人体吸收。

○ 猴头菇宜和鸡肉搭配，有滋补强身的功效。

鸡腿菇

性味归经	性平，味甘，归心、胃经
热　量	257千卡/100克可食部（干品）
功　效	益脾胃、助消化、清心安神、调节血糖、抗癌

适宜人群　一般人都可食用

慎食人群　脾胃虚寒、腹泻者

○ 鸡腿菇宜和虾仁搭配食用，有利于骨骼健康，防治骨质疏松。

○ 清洗鸡腿菇时，将根部硬块去掉，再用清水洗净即可，不宜浸泡过久。

○ 鸡腿菇不宜和酒搭配，否则容易导致过敏。

热菜 五花肉炒口蘑

准备 10 分钟　烹调 10 分钟

材料 口蘑200克，五花肉100克。

调料 葱末、姜末、盐各3克，酱油、料酒各5克。

做法

1 口蘑、五花肉分别洗净切片。

2 锅内倒油烧热，爆香葱末、姜末，倒肉片炒变色，烹料酒，倒入口蘑片翻炒，加酱油和盐，翻炒至口蘑熟软时即可。

热菜 肉丝炒茶树菇

准备 12 分钟　烹调 10 分钟

材料 净茶树菇200克，肉丝150克。

调料 蒜末、酱油、料酒各5克，盐2克，淀粉适量。

做法

1 肉丝用少许酱油、淀粉腌渍10分钟。

2 油锅烧热，爆香蒜末，倒肉丝炒变色，烹料酒翻炒，倒茶树菇炒熟，加酱油和盐调味即可。

热菜 鲍汁猴头菇

准备 5 分钟　烹调 10 分钟

材料 发好的猴头菇200克，鲍汁30克。

调料 生抽、蚝油、白糖各5克，盐2克。

做法

1 将发好的猴头菇洗净切片；将蚝油、白糖、生抽、盐加少许水调成味汁。

2 锅内倒油烧热，将菇片煎黄，烹味汁烧入味，待菇片变软时，放鲍汁即可。

热菜 蚝油鸡腿菇

准备 15分备　烹调 8分钟

材料 鸡腿菇 150 克，猪瘦肉 100 克。

调料 葱末、姜末、盐各 3 克，料酒、生抽、蚝油各 5 克。

做法

1 鸡腿菇洗净，切块，焯水，捞出；猪瘦肉洗净，切丁，加生抽腌渍。

2 油锅烧热，爆香葱末、姜末，下肉丁炒变色，烹料酒，倒鸡腿菇块，放生抽和盐翻炒，淋上蚝油即可。

热菜 鸡腿菇扒竹笋

准备 10分钟　烹调 25分钟

材料 鸡腿菇 200 克，竹笋 100 克。

调料 盐 4 克，水淀粉、高汤各适量，香油少许。

做法

1 鸡腿菇、竹笋分别洗净切片，笋片入沸水锅中焯水。

2 锅置火上，倒入高汤，放入竹笋片和杏鲍菇片，大火烧沸。

3 加入盐，转小火焖煮 20 分钟左右，用水淀粉勾芡，点香油调味即可。

热菜 牛肉炒鸡腿菇

准备 20分钟　烹调 30分钟

材料 鸡腿菇 200 克，熟牛肉 100 克。

调料 葱末、姜末、盐、白糖各 5 克，生抽 10 克，酱油、料酒、淀粉、水淀粉各适量，香油少许。

做法

1 鸡腿菇洗净切片；牛肉切片，用淀粉、料酒、酱油腌制 10 分钟。

2 锅置火上，倒入油烧至五成热，下葱末、姜末爆香，倒入牛肉片滑散至变色。

3 放鸡腿菇片，加入生抽、白糖翻炒至熟，最后用水淀粉勾芡，点香油调味即可。

┌─ **烹饪提示** ─┐
如果是经过卤制的熟牛肉，可以视味道的轻重减少调料用量。

木耳

性味归经	性平，味甘，归肺、胃、肝经
热　　量	205千卡/100克可食部
功　　效	减肥瘦身、清胃涤肠

适宜人群　一般人都可食用，尤其适合心脑血管疾病患者、结石症患者

慎食人群　气虚、出血性疾病、腹泻患者不宜多吃

○　优质干木耳朵大小适度，朵面乌黑无光泽，朵背略呈灰白色。

○　干木耳烹调前宜用温水泡发，泡发后仍紧缩在一起的部分不宜吃。

蚕豆

性味归经	味甘，性平，入脾、胃经
热　　量	335千卡/100克可食部（干品）
功　　效	补中益气、健脾益胃、清热利湿

适宜人群　一般人群皆可，特别适合老人、脑力工作者、高胆固醇者、便秘者食用

慎食人群　中焦虚寒者不宜食用，发生过蚕豆过敏者一定不要再吃

○　蚕豆的食用方法很多，可煮、炒、油炸，也可浸泡后去皮炒菜或做汤。

○　蚕豆不可生吃，应将生蚕豆浸泡并焯水后再进行烹制。

豆腐

性味归经	性寒，味甘，归脾、胃、大肠经
热　　量	81千卡/100克可食部
功　　效	健脑强骨、预防心血管疾病、预防癌症

适宜人群　一般人都可食用

慎食人群　脾胃虚寒、经常腹泻者不宜多食，嘌呤代谢失常的痛风患者和慢性肾病患者不宜多食

○　豆腐购买后放在淡盐水中浸泡10分钟再烹调，不易破碎。

○　豆腐消化慢，小儿消化不良者不宜多食。

豆腐干

性味归经	性寒，味甘，归脾、胃、大肠经
热　　量	140千卡/100克可食部
功　　效	预防心血管疾病、补充钙质

适宜人群　适宜身体虚弱、营养不良的人食用，适宜高脂血症、肥胖者食用

慎食人群　脾胃虚寒、腹泻便溏的人忌食

○　购买豆腐干应选择具有冷藏保鲜设备的副食商场、超市，要选有防污染包装的豆制品。

○　当天剩下的豆腐干应用保鲜袋扎紧放置冰箱内尽快吃完，如发现袋内有异味或豆制品表面发黏，请不要食用。

凉菜 凉拌木耳

准备 5 分钟　烹调 5 分钟

材料 水发木耳200克，红椒30克。

调料 葱末、蒜末、盐各3克，生抽、白糖、醋各5克，香油少许。

做法

1 木耳择洗干净，撕成小朵；红椒去蒂及子，切丝。

2 锅置火上，倒入清水烧沸，将木耳下水焯熟，捞出过凉，控净水。

3 将木耳、红椒丝和葱末、蒜末、盐、白糖、生抽、醋、香油拌匀即可。

营养功效

木耳含铁量丰富，是补血的佳品。

凉菜 凉拌双耳

准备 25 分钟　烹调 5 分钟

材料 水发木耳、水发银耳各100克，红椒丝50克，柠檬1个。

调料 盐、白糖各5克，葱末、香菜叶、香油各适量。

做法

1 木耳洗净，焯烫1分钟，捞起，浸泡在凉白开里；银耳洗净，撕成小朵，煮熟，过凉。

2 柠檬洗净，用手按压揉捏，一半用工具刮下适量柠檬丝，剩下的挤汁。

3 葱末、香油、白糖、盐、柠檬汁调和成味汁。

4 木耳、银耳放盘中，加香菜叶、红椒丝和柠檬丝，倒入味汁拌匀即可。

热菜 黄花木耳炒鸡蛋

准备 5 分钟　烹调 8 分钟

材料 水发木耳100克，水发黄花50克，鸡蛋2个。

调料 葱末、姜末、盐各3克，生抽5克，香油少许。

做法

1 木耳洗净，撕成小朵；黄花去根部，冲洗干净；鸡蛋打成蛋液。

2 锅置火上，倒入油烧至五成热，将蛋液炒熟后盛出。

3 锅内倒入油烧热，下葱末、姜末爆香，倒入木耳和黄花翻炒，加入盐、生抽，翻炒至熟时，倒入鸡蛋块，点香油翻炒均匀即可。

凉菜 茴香豆

准备 2小时　**烹调** 35分钟

材料　鲜蚕豆400克。

调料　黄酒适量，红辣椒、小茴香各5克，大料2个，桂皮2片、山柰3克，红辣椒、酱油各15克。

做法

1　鲜蚕豆清洗干净，用黄酒腌2小时，然后用清水冲洗干净。

2　锅置火上，倒入适量水，放入蚕豆、大料、小茴香、桂皮、山柰、红辣椒、酱油，用大火煮30分钟，凉凉即可。

— 烹饪提示 —

1. 也可以用干蚕豆（绍兴人叫罗汉豆），泡浸软后再煮。

2. 小茴香要多放一些，味道才好。

凉菜 香椿拌豆腐

准备 5分钟　**烹调** 5分钟

材料　香椿100克，豆腐300克。

调料　盐3克，香油少许。

做法

1　香椿择洗干净；豆腐洗净，切成丁。

2　锅置火上，倒入清水烧沸，将香椿焯一下捞出，控净水，切碎。

3　将豆腐丁、香椿碎和盐、香油拌匀即可。

热菜 麻婆豆腐

准备 10分钟　**烹调** 10分钟

材料　豆腐500克，牛肉50克。

调料　豆瓣酱20克，肉汤50克，豆豉、酱油各5克，水淀粉15克，辣椒粉、花椒粉各1克，盐3克。

做法

1　豆腐洗净，切小方块，焯烫，捞出，沥干；牛肉洗净，切末；豆豉剁成末。

2　锅置火上，放油烧热，放入牛肉末炒至酥软干香时盛入碗中。

3　锅中倒油烧热，下入豆瓣酱、豆豉末、辣椒粉炒香，加入肉汤，下入豆腐块、牛肉末、酱油、盐，小火烧沸入味，用水淀粉勾芡，盛入盘中撒上花椒粉即可。

热菜 家常豆腐

准备 10 分钟　烹调 10 分钟

材料　豆腐片 400 克，猪五花肉片 100 克，鲜香菇片、冬笋片各 50 克，青椒片少许。

调料　葱花、姜片、蒜片各 5 克，料酒、盐、白糖、酱油各 3 克，豆瓣酱 10 克，胡椒粉 1 克，高汤 20 克，水淀粉 15 克。

做法

1 油锅烧热，下豆腐片炸至金黄色，捞出。

2 锅底留油烧热，放肉片煸炒，加香菇片、冬笋片稍煸，放豆瓣酱炒香，加葱花、姜片、蒜片炒香，再放料酒、盐、白糖、酱油、胡椒粉稍炒，加高汤烧开，倒入豆腐片、青椒片，待汁渐稠，用水淀粉勾芡即可。

热菜 滑炒豆腐

准备 10 分钟　烹调 8 分钟

材料　豆腐 400 克，冬笋、胡萝卜各 100 克，鸡蛋清 1 个。

调料　葱末、姜末各 5 克，花椒水 10 克，盐 3 克，鲜汤、水淀粉各适量。

做法

1 豆腐洗净，切小块，加少许盐、花椒水腌渍入味，加鸡蛋清、水淀粉拌匀；胡萝卜洗净，切片；冬笋洗净，切片。

2 锅置火上，放油烧至五成热，放豆腐块、冬笋片、胡萝卜片，滑炒至断生，捞出，控油。

3 锅留底油烧至七八成热，爆香葱末、姜末，加鲜汤烧开，放入豆腐块、冬笋片、胡萝卜片稍炒，加盐调味，用水淀粉勾芡，炒匀即可。

热菜 红烧日本豆腐

准备 5 分钟　烹调 10 分钟

材料　日本豆腐 500 克，青辣椒片、红辣椒片各 30 克。

调料　葱白段 50 克，淀粉适量，蚝油 15 克，生抽 10 克，水淀粉 20 克。

做法

1 日本豆腐洗净，切块，裹匀淀粉。

2 锅内倒油烧热，放豆腐块中火先炸 2 分钟使其定型，再轻轻地翻动至变金黄色，捞起沥油。

3 锅留底油，爆香葱白段，放青辣椒片、红辣椒片爆炒，放豆腐块，加蚝油、生抽小火焖 2 分钟，用水淀粉勾芡即可。

热菜 锅贴豆腐 准备10分钟 烹调15分钟

材料 豆腐片300克，鸡胸肉蓉150克，生菜叶片30克，鸡蛋清2个。

调料 葱末、姜末、料酒、淀粉各5克，盐3克。

做法

1 鸡胸肉蓉加葱末、姜末、蛋清、淀粉、料酒、盐和水搅成糊；豆腐片一面裹匀肉糊下油锅，有糊的一面朝下，盖上生菜叶煎黄，翻面稍煎，反复两次，将豆腐煎透。

2 将剩下的肉糊淋在豆腐周围，煎至金黄色盛出即可。

凉菜 五香豆腐干 准备5分钟 烹调30分钟

材料 豆腐干300克。

调料 姜片、葱段、糖色各20克，盐4克，大料1个，白糖10克，鲜汤300克，五香粉3克。

做法

1 油锅烧热，炒香姜片、葱段，加鲜汤、豆腐干煮开。

2 放盐、五香粉、大料、糖色、白糖烧开，小火收汁，待汤汁浓稠时，捞出，凉凉即可。

热菜 韭菜炒豆干 准备8分钟 烹调5分钟

材料 豆腐干200克，韭菜100克，虾皮10克。

调料 盐2克，生抽4克，香油少许。

做法

1 韭菜择洗干净，去根切段；豆腐干洗净，切成细条；虾皮洗净。

2 油锅烧热，下豆腐干、虾皮煸炒，加生抽、盐、韭菜段炒至断生，点香油即可。

热菜 香干肉丝 准备12分钟 烹调5分钟

材料 香干条200克，肉丝100克。

调料 葱花、姜丝、盐各3克，料酒、酱油、淀粉各10克。

做法

1 肉丝用酱油和淀粉腌渍10分钟。

2 油锅烧热，爆香葱花、姜丝，倒肉丝炒变色，烹料酒，倒入香干条翻炒，加酱油、盐炒匀即可。

PART

6

健康主食

补充身体热量

花样面食

刀切馒头

准备 **3小时** 烹调 **50分钟**

材料 面粉 500 克，酵母粉 6 克。

做法

1. 酵母粉加水搅匀，面粉倒入盆中，分次加酵母水，揉成面团，醒发 2~3 小时。
2. 案板上铺少许面粉，将面团放案板上，用力揉至面团内部无气泡。
3. 将面团搓成长条，用刀切出若干剂子，将剂子的边角稍整柔和即为刀切馒头生坯。
4. 锅内加凉水，放入馒头生坯，生坯间隔一指远，醒发 15~20 分钟，加盖大火烧开，转小火蒸 20 分钟，关火 3 分钟后开锅，取出即可。

图1   图2

南瓜双色花卷

准备 **2小时** 烹调 **50分钟**

材料 南瓜泥 130 克，面粉 550 克，酵母粉 8 克。

做法

1. 酵母粉分两份，分别加 30 克温水、120 克温水化开，为南瓜面团和白面面团所用。
2. 南瓜泥加酵母水和 250 克面粉和成面团，300 克面粉加酵母水揉成面团，分别醒发。
3. 两种面团揉匀，擀大片，刷油，将刷油的一面朝上，摞起，对折，切成宽 4 厘米的坯子（图 1），每个坯子再切一刀，不切断。
4. 取坯子，拧成麻花状，打结做花卷生坯（图 2），醒发 20 分钟，放蒸锅中，大火烧开后转小火蒸 15 分钟关火，3 分钟后取出即可。

葱香花卷 准备 2小时 烹调 40分钟

材料 面粉 300 克，酵母粉 4 克，大葱 30 克。

调料 盐适量。

做法

1 葱洗净，切段，拭干水分。锅内倒入适量油，烧至五成热，放入葱段，转小火炸至葱段变黄，葱香味浓郁，关火，捞出葱渣，挤干沥油。

2 酵母粉加适量温水化开；将面粉放盆中，加入酵母水、水和成面团，醒发至原体积 2 倍大。将发酵面团揉匀，擀成薄片，刷上葱油，撒上适量盐，抹匀。

3 将薄片卷起来，呈长条状，均匀切成段，两个一组摞起来，两手捏住两端拉长，再向相反方向拧一圈后（图 1），捏合，即为花卷生坯。

4 将生坯上笼，静置 10 分钟或根据气候而定，开大火蒸 8~10 分钟至熟，关火，2~3 分钟后起锅即可。

猪肉大葱包子 准备 1.5小时 烹调 45分钟

材料 面粉、五花肉馅各 500 克，葱末 50 克，酵母粉 8 克，净枸杞子少许。

调料 盐 6 克，白糖 10 克，花椒 2 克，胡椒粉少许，酱油、料酒各 15 克，香油、姜末各适量。

做法

1 酵母粉用温水化开，倒面粉中拌匀，再分次加入温水揉匀，盖湿布醒发至原体积的 2 倍大，揉搓至内部无气体，成光滑的面团；花椒用沸水浸泡 10 分钟，凉凉。

2 肉馅加盐、白糖、料酒、胡椒粉、酱油、花椒水打上劲，再加葱末、姜末、香油拌匀，冷藏 1 小时取出。

3 将面团搓成长条，分割成小剂子，按扁，擀成包子皮，在其上放馅料，捏成包子，加枸杞子点缀，醒发 15 分钟。

4 包子生坯入锅中，大火烧开转小火蒸 10 分钟，关火，3 分钟后开盖取出即可。

图1

烹饪提示
醒发面团时，案板上要撒些干面粉防粘，并盖上保鲜膜。

烹饪提示
肉馅中加入花椒水能去腥提鲜，还可保持肉馅的滑嫩口感。

狗不理包子

准备 2 小时 烹调 15 分钟

材料 面粉 300 克，猪肉馅 150 克，虾仁粒 75 克，水发木耳粒 50 克，高汤少许，酵母粉、泡打粉各 4 克。

调料 葱末、姜末、酱油各 5 克，白糖 10 克，盐 2 克。

做法

1 猪肉馅加盐、葱末、姜末、虾仁粒、木耳粒、酱油、高汤、白糖搅打上劲。

2 面粉加水、酵母粉、泡打粉和成面团，醒发，搓条，制成剂子，压扁擀成包子皮，包馅，捏褶成小笼包状。

3 将包子生坯上笼蒸 8 分钟，关火，闷 3 分钟后开盖下屉即可食用。

韭菜鸡蛋盒子

准备 1 小时 烹调 30 分钟

材料 韭菜末 200 克，鸡蛋 3 个，面粉 500 克。

调料 盐 4 克，胡椒粉少许。

做法

1 鸡蛋洗净，磕开，打成蛋液，炒成块，盛出。用韭菜末、鸡蛋块、盐、胡椒粉做成馅料。

2 取面粉，加入温水，制成面团，醒 20 分钟，揉搓至无气泡，搓条，下剂子，擀成面皮，包入馅料，封口边，做成半月形生坯。

3 取平底锅放适量植物油烧至五成热，下入生坯，煎至两面金黄即可。

葱油饼

准备 50 分钟 烹调 15 分钟

材料 面粉 200 克，香葱末 50 克。

调料 盐 4 克，葱段、姜片、香菜段各适量。

做法

1 将葱段、姜片、香菜段、色拉油按照 10 : 1 : 1 : 20 的比例炸制成葱油。

2 面粉用水搅开，揉匀成面团，醒 30 分钟。

3 把醒好的面擀开成长条状，撒盐，刷上一层葱油，撒上一层香葱末。

4 从左向右折成宽 15 厘米左右的面片，反复折叠。

5 最后把边缘部分压在生坯底部，擀成饼，入饼铛烙熟即可。

素三鲜水饺

准备 30 分钟　烹调 40 分钟

材料 面粉 500 克，鸡蛋 3 个，韭菜末 150 克，虾仁碎、水发木耳末各 50 克。

调料 生抽、盐各 5 克，香油适量。

做法

1 鸡蛋磕开，搅匀，炒成块；虾仁碎、鸡蛋块、木耳末、韭菜末、生抽、盐、香油搅匀，制成馅料。

2 在面粉中加适量清水，和成均匀的面团，揉搓至完全排气，擀成饺子皮，包入馅料，做成水饺生坯。

3 锅中加水烧开，下饺子生坯煮开，添 3 次水，至完全熟透，捞出即可。

白萝卜羊肉蒸饺

准备 40 分钟　烹调 45 分钟

材料 面粉 500 克，白萝卜丝 200 克，羊肉泥 250 克。

调料 葱末 10 克，花椒水 50 克，盐、生抽各 5 克，胡椒粉少许，香油适量。

做法

1 白萝卜丝用开水焯过，过凉，挤干，加生抽拌匀。

2 羊肉泥加生抽、花椒水、盐、胡椒粉，顺时针搅拌成糊，加白萝卜丝、葱末、香油拌匀，制成馅料。

3 面粉加适量热水搅匀，揉成烫面面团，搓条，下剂子，擀成饺子皮。

4 取一张饺子皮，包入馅料，捏紧成饺子生坯。

5 饺子生坯放沸水蒸笼中，大火蒸熟即可。

海米鸡蛋馄饨

准备 30 分钟　烹调 20 分钟

材料 馄饨皮 250 克，鸡蛋 2 个，海米 50 克，香椿末 100 克，紫菜末 10 克。

调料 生抽 10 克，盐 5 克，虾汤、香油各适量。

做法

1 鸡蛋洗净，磕开，打散，炒成块，盛出；海米洗净，泡发。

2 在鸡蛋中加香椿末、海米、盐、生抽、香油拌匀，制成馅料。

3 取馄饨皮，包入馅料，做成馄饨生坯。

4 锅内加虾汤烧开，倒碗中，放紫菜末、盐、香油，调成汤汁。

5 另起锅，加清水烧开，下入馄饨生坯煮熟，捞入碗中，浇虾汤即可。

番茄鸡蛋打卤面 准备 10分钟 烹调 20分钟

材料 番茄 120 克，鸡蛋 2 个，水发黄花菜 80 克，水发黄豆 50 克，面条 500 克。

调料 盐 6 克，白糖 4 克，水淀粉 25 克，葱段 10 克，酱油、葱末、蒜片各适量。

做法

1 黄花菜择去硬根，切小段；番茄洗净，切丁；鸡蛋打入碗中，搅打均匀。

2 锅内倒油烧至六成热，爆香葱末、蒜片，放入番茄丁、黄花菜段、水发黄豆翻炒 2 分钟，加足量水大火烧开 5 分钟。

3 水淀粉倒入锅中勾浓芡，加盐、白糖、酱油调味，倒入鸡蛋液煮成蛋花，再放入葱段即成卤。

4 另起锅，加足量水烧开，放入面条煮熟，捞入碗中，浇入卤即可。

— 烹饪提示 —
面条中没放盐，所以卤最好制得咸一些。

炸酱面 准备 25分钟 烹调 15分钟

材料 猪肉 100 克，黄瓜、绿豆芽各 50 克，切面 250 克。

调料 葱末、姜末各 5 克，葱花、白糖各 10 克，黄酱 50 克，啤酒 20 克，大料、香油各适量。

做法

1 猪肉洗净，切丁；黄瓜洗净，切丝；绿豆芽洗净，焯水；将切面放入锅中煮熟，捞出。

2 锅内倒油烧热，放入大料炸香，加葱末、姜末煸香，放猪肉丁炒至水分挥发，往锅中倒入黄酱、啤酒推炒，再放入白糖，淋上香油，撒葱花，制成炸酱。

3 将煮好的面加入炸酱、黄瓜丝、豆芽拌匀即可。

— 烹饪提示 —
猪肉最好选择半肥半瘦的，要多煸炒一会儿，让肥肉中的油脂至少煸出来一半，再炒制炸酱，这样炒出来的酱才香。

担担面

准备 15分钟　烹调 15分钟

材料　鲜切面条 100 克，猪肉馅 50 克，芽菜粒、油酥花生仁、油酥黄豆各 10 克。

调料　甜面酱 30 克，酱油 20 克，红油 15 克，葱花、料酒、芝麻酱（解开）各 5 克，盐 2 克，醋、白糖各 3 克，鲜汤、花椒粉各少许。

做法

1　锅内倒油烧热，放入猪肉馅炒散，加甜面酱、盐、酱油、料酒炒干水分，炒香制成面臊。

2　在大碗里加入酱油、红油、芽菜粒、葱花、醋、白糖、芝麻酱、油酥花生仁、油酥黄豆、花椒粉，再舀入少许鲜汤拌匀制成面臊。

3　将面条下入烧沸的开水中煮熟，捞出，沥干水分，放大碗中。

4　将调好的鲜汤倒入面条中，面臊舀在面上即可。

─── 烹饪提示 ───
在炒肉馅前用清水冲一下，一是去血水，二是更容易滑散。

臊子面

准备 20分钟　烹调 15分钟

材料　宽面条 250 克，猪瘦肉 50 克，水发木耳、水发黄花菜各 30 克，圆白菜 80 克。

调料　香菜末、酱油各 10 克，盐、香油各 5 克。

做法

1　猪瘦肉、水发木耳、水发黄花菜、圆白菜均洗净，切丁。

2　锅内放油烧热，下入所有切好的材料煸炒。

3　加盐、酱油调味，滴入香油，炒成臊子。

4　将宽面条煮熟，盛入碗中，浇入臊子，撒上香菜末即可。

─── 烹饪提示 ───
1. 切猪肉时，可以在刀上蘸点水，防止猪肉粘刀。
2. 材料切成一样大小的丁，可使其熟得一致。

扁豆焖面

准备 15 分钟　烹调 15 分钟

材料　猪五花肉片100克，扁豆段250克，切面500克。

调料　姜末、盐各5克，蒜末10克，料酒、酱油各15克。

做法

1 面条放入蒸锅中蒸10分钟，取出。

2 锅内倒油烧热，炒香姜末，放肉片、料酒，下扁豆段，再加酱油、水，焖至水剩一半时加盐及面条，小火焖5分钟，待面条入味，用筷子拨散，放蒜末即可。

烹饪提示
炒锅中的油不要放得太多，先用油将锅滑一下，让锅底粘层油，能防止肉粘锅。

鸡丝凉面

准备 15 分钟　烹调 10 分钟

材料　面条500克，熟鸡胸肉丝150克，绿豆芽、黄瓜丝各100克。

调料　葱花、姜粒、蒜粒、酱油、芥末、花椒油各10克，盐5克，白糖30克，香醋、红油各20克，香油适量。

做法

1 面条煮断生捞出，过凉，淋香油；绿豆芽洗净，煮断生，过凉；将全部调料拌成味汁。

2 将面条盛盘中，放鸡丝、绿豆芽、黄瓜丝，淋上味汁即可。

烹饪提示
豆芽焯水时间不要太长，以保持豆芽的脆嫩，味道更好。

朝鲜冷面

准备 70 分钟　烹调 10 分钟

材料　荞麦面250克，白萝卜块100克，牛肉块200克，熟牛肉片50克，黄瓜丝、辣白菜各适量，熟鸡蛋、梨片各半个。

调料　葱段、姜片、冰糖各10克，桂皮、大料各5克，真露酒、柠檬汁、生抽、白醋、辣椒酱各适量。

做法

1 白萝卜块、牛肉块加桂皮、大料、葱段、姜片煮1小时，放冰糖加热至化开，加生抽、白醋、真露酒、柠檬汁搅匀，放凉。

2 荞麦面煮熟过凉，放做法1的汤中，加黄瓜丝、梨片、熟鸡蛋、熟牛肉片、辣白菜、辣椒酱即可。

小窝头

准备 15 分钟　烹调 30 分钟

材料　玉米面 400 克，黄豆面 100 克。

调料　白糖 30 克。

做法

1 将玉米面、黄豆面、白糖一起放入盆中。

2 往盆中加适量清水和匀，搓成 2 厘米粗的细条，下剂子。

3 将面剂子搓成圆球形状，在圆球中间钻一个小洞，边钻边转，直到上端成尖且内外光滑，即成窝头生坯。

4 将窝头生坯放入蒸锅中，大火蒸 25 分钟即可。

— 烹饪提示 —

1.玉米面最好选择细面，面中不要有颗粒。

2.和面最好用温水，能让口感绵软。

玉米面发糕

准备 1.5 小时　烹调 30 分钟

材料　面粉 250 克，玉米面 100 克，无核红枣片 30 克，葡萄干 15 克，干酵母 4 克。

做法

1 干酵母化开，加面粉和玉米面揉成团，醒发，搓条，分割成剂子，分别搓圆按扁，擀成圆饼。

2 面饼放蒸屉上，撒红枣片，将第二张擀好的面饼覆盖在第一层上，再撒一层红枣片，将最后一张面饼放在最上层，分别摆红枣片和葡萄干。

3 生坯放蒸锅中，醒发 1 小时，再开大火烧开，转中火蒸 25 分钟即可。

— 烹饪提示 —

玉米面不要放得太多，否则成品容易显得粗糙。

萝卜酥

准备 1.5 小时　烹调 20 分钟

材料　面粉、萝卜碎各 500 克，黄油 150 克，鸡蛋液 100 克，海米 50 克。

调料　盐 5 克，白糖 25 克。

做法

1 海米泡发，洗净；萝卜碎加海米、盐、白糖拌匀成萝卜馅。

2 取 250 克面粉，加 125 克黄油搅匀，和成油酥面团；250 克面粉加适量清水、白糖、25 克黄油、鸡蛋液揉成水油面团。

3 将油酥面团包入水油面团中，将横切面朝下擀叠三次，切片，擀成薄片，包入萝卜馅，捏成椭圆形，制成生坯。

4 锅内倒油烧至 160℃，放入生坯炸至金黄即可。

喷香米饭

菠萝鸡饭　　准备20分钟　烹调20分钟

材料　鸡腿肉块、米饭各500克，芹菜丁、胡萝卜丁、洋葱丝各20克，菠萝丁150克，炸面包丁、炸花生仁、煮鸡蛋丁、火腿丁各30克，炸大葱25克。

调料　干辣椒、胡椒粉、姜黄粉、番茄酱、盐各适量。

做法

1　将米饭、炸大葱、姜黄粉放锅中同炒。

2　将菠萝丁、炸面包丁、炸花生仁、火腿丁、煮鸡蛋丁，掺入米饭中。

3　锅内倒适量油烧热，放入鸡腿肉块炸熟。

4　另起锅，放油烧热，加洋葱丝、干辣椒略炒，再加上番茄酱、盐、胡椒粉、胡萝卜丁、熟鸡肉块、芹菜丁炒匀，加入拌过的米饭炒匀即可。

卤肉饭　　准备20分钟　烹调70分钟

材料　五花肉200克，大米150克，鸡蛋1个。

调料　白糖20克，老抽10克，葱花、大料、桂皮各5克，盐2克，香叶、香菜叶各少许。

做法

1　大米淘净，煮熟备用；鸡蛋煮熟备用。

2　锅中加水、盐、桂皮、香叶、大料、白糖、老抽调成卤汤。

3　五花肉切成2厘米见方的块，焯水，放入卤汤里卤熟，大约60分钟；鸡蛋去皮用卤汤卤入味。

4　把蒸好的米饭放在碗里，放入卤肉块，再放一切为二的卤蛋，浇卤汤，放香菜叶、葱花即可。

山药八宝饭

准备 30分钟　烹调 40分钟

材料　山药、薏米、白扁豆、莲子、桂圆肉各30克，栗子100克，红枣10枚，糯米150克。

调料　白糖、桂花各10克。

做法

1　山药、薏米、白扁豆、莲子、桂圆肉、红枣分别洗净，蒸熟。

2　栗子洗净，放入沸水锅中煮一下，剥出栗子肉，切成片。

3　将糯米淘洗干净，加水蒸熟；白糖、桂花加清水熬成白糖桂花水。

4　取大碗，洗净后擦干，里面涂上油，碗底均匀铺上蒸好的原料和栗子片。

5　将糯米饭铺在上面，放笼屉中蒸熟，取出，倒扣盘中，浇上白糖桂花水即可。

南瓜薏米饭

准备 3小时　烹调 20分钟

材料　薏米50克，南瓜200克，大米100克。

做法

1　南瓜洗净，去皮、去瓤，切成粒。

2　薏米拣去杂质，洗净，浸泡3小时。

3　大米洗净，浸泡半小时。

4　将大米、薏米、南瓜粒和适量清水放入电饭锅中。

5　摁下"煮饭"键，蒸至电饭锅提示米饭蒸好即可。

> **烹饪提示**
> 煮薏米前，浸泡3小时，能缩短煮制的时间，口感也更松软。

扬州炒饭

准备 10分钟　烹调 5分钟

材料　米饭200克，净虾仁50克，火腿丁20克，熟青豆10克，鸡蛋1个。

调料　葱花5克，盐、淀粉各4克，料酒、胡椒粉各适量。

做法

1　鸡蛋分开蛋清和蛋黄，将蛋黄打散；净虾仁加蛋清、料酒、盐、淀粉拌匀，放油锅中滑熟，盛出，控油。

2　净锅倒油烧热，倒蛋黄液拌炒，加葱花炒香，放米饭、火腿丁、虾仁、青豆翻炒，加盐、胡椒粉翻炒均匀即可。

> **烹饪提示**
> 做炒饭时，宜用冷饭。如饭粒较硬，炒前往饭上喷少许水，用手抓松就行。

新疆手抓饭

35准备
分钟　　45 烹调
分钟

材料 大米 200 克，绵羊肋条肉 250 克，胡萝卜丁 80 克，洋葱丁 200 克。

调料 盐 5 克，白糖、料酒、孜然碎各 4 克，胡椒粉 2 克，酱油、姜片、葱末各适量。

做法

1 大米洗净，浸泡 30 分钟，沥干；羊肉洗净，肥瘦分开，均切丁。

2 锅烧热，放羊肥肉丁炒至吐油，再放羊瘦肉丁，翻炒 3 分钟，放洋葱丁、姜片和胡萝卜丁炒香，加料酒、胡椒粉、盐、白糖、酱油炒匀。

3 锅中放大米铺平，再加水烧开，加盖焖制 30 分钟，将葱末和孜然碎放米饭中拌匀即可。

咖喱牛肉盖浇饭

35 准备
分钟　　50 烹调
分钟

材料 大米 150 克，牛肉块、土豆块各 100 克，胡萝卜块 50 克。

调料 咖喱粉 15 克，蒜末、姜片、葱花各 5 克，盐 4 克，料酒、水淀粉各适量。

做法

1 牛肉块放凉水锅中煮熟，漂净。

2 大米洗净，煮成米饭。

3 锅中倒油烧热，爆香蒜末、姜片，倒入牛肉块翻炒，加料酒，再倒土豆块和胡萝卜块翻炒。

4 加咖喱粉和盐炒匀，加清水煮开，转中火炖至汤汁变稠，用水淀粉勾芡，撒上葱花。

5 将米饭盛入碗中，压平，倒扣在盘上，周围淋咖喱牛肉即可。

鱼香肉丝盖浇饭

15 准备
分钟　　15 烹调
分钟

材料 米饭 300 克，猪肉丝 200 克，嫩笋丝 100 克，鸡蛋 1 个。

调料 盐、淀粉、醋各 4 克，酱油、水淀粉各 10 克，白糖、葱花、姜末、蒜末各 5 克，料酒、泡辣椒末各适量。

做法

1 猪肉丝加料酒、盐、鸡蛋液、淀粉拌匀上浆；将盐、白糖、酱油、醋、料酒、水淀粉调成味汁待用。

2 锅内倒油烧热，放肉丝炒散至断生，沥干。

3 油锅烧热，下葱花、姜末、蒜末、泡辣椒末炒香，放笋丝、肉丝翻炒，倒入味汁炒匀，浇在盛米饭的盘子上即可。

石锅饭

准备 15 分钟　烹调 10 分钟

材料 米饭250克，鸡蛋1个，干豆角、干香菇、干茶树菇、萝卜干、金针菇、胡萝卜丝、黄豆芽、海带丝各20克，油菜、菠菜各50克，熟白芝麻适量。

调料 盐、甜辣酱各5克。

做法

1 金针菇、油菜、菠菜、黄豆芽、海带丝洗净，烫熟沥干，分别加入白芝麻、盐、甜辣酱拌匀；干豆角、干香菇、干茶树菇、萝卜干泡软；胡萝卜丝放油锅炒熟；鸡蛋煎成一面熟的煎蛋。

2 石锅内壁抹油烧热，放入大米饭，米饭表面铺上所有食材，煎蛋放中央，待米饭略焦即可。

茶水煮饭

准备 40 分钟　烹调 25 分钟

材料 茶叶5克，大米150克。

做法

1 取茶叶，用开水浸泡5分钟。

2 将茶水过滤掉茶渣备用。

3 大米洗净，浸泡半小时。

4 将大米放入电饭锅中，倒入茶水，使之高出大米3厘米左右。

5 按下"煮饭"键，煮至键跳起即可。

清香荷叶饭

准备 10 分钟　烹调 40 分钟

材料 大米150克，虾肉粒、叉烧肉粒各100克，火腿粒、水发香菇粒各50克，鸡蛋2个，鲜荷叶2张。

调料 盐6克，白糖10克，胡椒粉、水淀粉、蚝油各适量。

做法

1 鸡蛋磕开，搅成蛋液，摊成蛋皮；虾肉粒加水淀粉上浆，滑油。

2 大米洗净，蒸熟，取出，凉凉，加盐、蚝油、胡椒粉、油拌匀。

3 油锅烧热，加香菇粒、叉烧肉粒、火腿粒、虾肉粒、蚝油、白糖、胡椒粉炒匀，与蛋皮一起放在饭团上，下面铺上净荷叶包起，蒸10分钟即可。

147

香菇肉丝盖浇饭

材料 米饭200克，猪里脊肉100克，鲜香菇50克。

调料 葱花、姜末各5克，料酒、酱油各10克，盐2克。

做法

1 将香菇洗净，去蒂切成细丝；里脊肉洗净，切成细丝。

2 锅置火上，倒油烧热，放入葱花、姜末，炒出香味后放入香菇丝和里脊丝迅速炒散，见肉色变白时倒入料酒，加入盐、酱油，炒至断生即可停火。

3 起锅浇在米饭上即可。

火腿蔬菜蛋包饭

材料 鸡蛋3个，面粉100克，黄彩椒条20克，黄瓜条50克，热米饭400克，火腿条100克，熟芝麻5克。

调料 盐5克，肉酱适量。

做法

1 鸡蛋搅成蛋液，加入面粉和盐、水，搅成面糊。

2 平底锅烧热，用蘸了油的厨房用纸将锅底擦匀，再舀面糊倒入锅内，铺满锅底，烙至微微发黄出锅；热米饭放温，拌匀盐和熟芝麻。

3 取一张蛋饼，抹少许炸肉酱，放米饭压平，再放黄瓜条、火腿条、彩椒条，将蛋饼的下端向上翻折，再把两边向中间翻折，整个包起，其余的照此做好即可。

香肠煲仔饭

材料 东北大米200克，蒸熟的香肠100克，萝卜苗80克，鸡蛋1个，熟芝麻适量。

调料 白糖5克，香油、盐各适量。

做法

1 大米淘洗干净，加入水、盐、白糖和适量植物油大火煮开，加盖转小火焖20分钟；香肠切片。

2 萝卜苗洗净，焯水后过凉，沥干水分，切段，用盐、香油拌匀。

3 在米饭上摆上香肠片，中间打入鸡蛋，开小火后加盖焖4分钟。

4 将拌好的萝卜苗段加入锅内，撒入熟芝麻即可。

紫米小枣粽子 4.5^{准备}小时 2.5^{烹调}小时

材料 糯米、紫米各 250 克，金丝小枣
200 克，鲜苇叶适量。

做法

1 糯米、紫米混合均匀，洗净，用清水浸
泡 4 小时以上；小枣洗净，浸泡 2 小时。

2 苇叶洗净，放入开水锅中烫软，捞出，
将顶端硬的部分剪掉。

3 将两张苇叶并排搭在一起，先折成漏斗
形，然后放少许糯米和紫米，在其中放
4~5 颗小枣。

4 在小枣上再铺上一层糯米和紫米，把多
余的苇叶折叠包裹，形成四角粽，用线
扎紧。

5 粽子放入盛水的高压锅内，加足量的
水，用篦子压紧，篦子上再放个装满水
的碗，盖好锅盖大火烧开，转小火煮 1
小时，关火后再闷 1 小时即可取出。

五香猪肉粽子 1^{准备}小时 2.5^{烹调}小时

材料 圆粒糯米 500 克，带皮五花肉块
250 克，鲜苇叶适量。

调料 盐、白糖、料酒、五香粉各 5 克，
胡椒粉少许，老抽 8 克。

做法

1 糯米洗净，浸泡 30 分钟，沥干，加老
抽、盐、白糖、植物油腌渍 30 分钟；
猪肉块加盐、白糖、料酒、老抽、胡椒
粉、五香粉腌渍 1 小时。

2 苇叶洗净，放入开水锅中烫软后捞出，
将顶端硬的部分剪掉，两张苇叶并排搭
在一起，折成漏斗形，再放入少许糯米。

3 糯米上面放腌好的猪肉块，上面再填入
一层糯米，将多余的苇叶包裹起来，形
成四角粽，用线扎紧。

4 将粽子放高压锅中，倒足量水，用篦子
将粽子压紧，篦子上再放个装满水的大
碗，盖好锅盖大火烧开，转小火煮 1 小
时，关火后再闷 1 小时即可取出。

芝麻汤圆

准备 40 分钟　烹调 30 分钟

材料 黑芝麻 50 克，糯米粉 250 克。

调料 熟猪油、白糖各 25 克。

做法

1 黑芝麻洗净，沥干水分。

2 将黑芝麻放入无油的锅中炒香，凉凉。

3 熟黑芝麻放案板上，碾碎成末。

4 将黑芝麻末、白糖、熟猪油一起拌匀成馅。

5 糯米粉加水和成面团，下剂子。

6 将剂子按扁，包入黑芝麻馅，制成球状。

7 锅中加适量清水烧开，下入黑芝麻汤圆，煮熟，盛入碗中即可。

过桥米线

准备 10 分钟　烹调 15 分钟

材料 米线 500 克，鸡肉片、白菜心、豌豆苗、韭黄各 50 克。

调料 浓鸡汤 500 克，料酒 10 克，盐 5 克，胡椒粉少许。

做法

1 鸡肉片洗净；白菜心洗净，放沸水中焯一下，捞出切丝；韭黄洗净，切段；豌豆苗择洗干净，切段。

2 米线用沸水烫熟，将鸡汤煮滚，加料酒、盐，上面要浮一层油（起保温作用），盛入大碗内。

3 往大碗中投入鸡肉片、蔬菜等，稍加搅拌，下入米线，加入剩余调料拌匀即可。

腊肠年糕

准备 5 分钟　烹调 15 分钟

材料 腊肠 150 克，年糕片 250 克，青椒 100 克，胡萝卜 50 克。

调料 葱段 20 克，盐适量。

做法

1 腊肠切片；青椒洗净，去蒂及子，切片；胡萝卜洗净，切片。

2 锅内倒少许植物油烧热，放入葱段炒香，放入年糕片，加少许水，将年糕炒软。

3 再放入青椒片、胡萝卜片，炒至材料熟透，加盐调味即可。

PART 7

滋补汤羹
汤汤水水保健康

快汤

肉丝豆腐羹

准备 5分钟　烹调 5分钟

材料　豆腐块300克，猪瘦肉丝150克，竹笋丝50克，水发木耳丝20克。

调料　盐4克，料酒5克，水淀粉15克。

做法

1 锅内放油烧热，放肉丝煸炒，加清水、料酒、豆腐条、木耳丝及冬笋丝烧沸。

2 加入盐调味，用水淀粉勾芡即可。

酸辣汤

准备 5分钟　烹调 5分钟

材料　豆腐丝150克，香菇丝30克，火腿丝、熟猪肉丝各50克，鸡蛋1个。

调料　酱油10克，胡椒粉2克，醋6克，盐5克，水淀粉25克，葱花少许。

做法

1 鸡蛋磕开，打散；熟肉丝、火腿丝、香菇丝放锅内，加盐、酱油和清水烧开，用水淀粉勾芡，淋鸡蛋液。

2 放胡椒粉、醋、葱花，待蛋花浮起即可。

西湖牛肉羹

准备 10分钟　烹调 8分钟

材料　牛瘦肉末150克，豆腐丁100克，香菇粒50克，鸡蛋清1个。

调料　香菜末、料酒各10克，盐4克，白糖3克，胡椒粉、香油各少许，水淀粉适量。

做法

1 牛瘦肉末焯烫捞出。

2 锅内加水煮开，放牛肉末、豆腐丁、香菇粒、料酒，小火煮2分钟至开，加盐、蛋清，放白糖、胡椒粉、香菜末、香油搅拌匀，用水淀粉勾芡即可。

羊肉丸子萝卜汤

准备 15分钟　烹调 10分钟

材料 白萝卜100克，羊肉250克，粉丝20克，鸡蛋清1个。

调料 葱花5克，盐4克，香菜末、香油各适量。

做法

1 白萝卜洗净，切丝；羊肉洗净，剁成肉馅，加香油和蛋清搅至上劲，挤成小丸子；粉丝提前泡软，剪长段。

2 锅内倒油烧热，炒香葱花，加清水烧沸，下小丸子煮开，放白萝卜丝和粉丝段煮熟，用香菜末、盐调味即可。

鸡蓉冬瓜羹

准备 10分钟　烹调 15分钟

材料 冬瓜丝、鸡胸肉泥各200克，熟火腿末20克。

调料 盐4克，料酒、高汤、蛋清、葱丝、姜丝、香油各适量。

做法

1 鸡胸肉泥加盐和蛋清，搅匀即成鸡蓉。

2 汤锅加油烧热，爆香葱丝、姜丝后捞出不用，放入冬瓜丝，加料酒翻炒，加入高汤大火煮至冬瓜熟透，转小火，倒入鸡蓉，边倒边搅拌，鸡蓉倒完即停火，盛入汤碗后，撒火腿末，淋香油即可。

鳕鱼豆腐羹

准备 20分钟　烹调 30分钟

材料 鳕鱼肉片250克，嫩豆腐片200克，油豆皮片50克，鸡蛋1个。

调料 盐4克，料酒10克，葱花、胡椒粉各少许，水淀粉、鱼高汤各适量。

做法

1 鳕鱼片加盐和胡椒粉腌渍15分钟；鸡蛋打散。

2 鱼高汤中加水，放豆腐片煮开，加盐，放油豆皮片和鳕鱼片煮沸，用水淀粉勾芡，淋蛋液，撒葱花、胡椒粉搅匀即可。

牡蛎豆腐羹

材料　净牡蛎肉、猪瘦肉片各 100 克，豆腐片 250 克，竹笋片 150 克，水发香菇片 20 克。

调料　盐、酱油、香油、葱段、水淀粉各适量。

做法

　　油锅烧热，爆香葱段，放肉片翻炒至肉色变白，加香菇片、笋片、酱油炒匀，倒水煮开；将豆腐片下锅煮熟，放牡蛎肉略煮，加盐搅匀，倒水淀粉勾芡，淋香油即可。

丝瓜蛋花汤

材料　丝瓜 200 克，鸡蛋 1 个。

调料　盐、料酒各 3 克，香油少许，鸡汤 100 克。

做法

1 丝瓜刮去外皮，切小条；鸡蛋磕开，搅匀。

2 油锅烧热，倒入丝瓜条煸炒至变色，加鸡汤、盐和适量水烧沸，淋入鸡蛋液，加料酒，待开后放香油即可。

番茄鸡蛋汤

材料　番茄 100 克，菠菜 80 克，鸡蛋 1 个。

调料　番茄高汤 600 克，盐 3 克。

做法

1 鸡蛋磕入碗中，打散成蛋液；番茄用沸水稍烫，去皮，切片；菠菜洗净，焯烫，过凉，切段。

2 锅内加入番茄高汤煮沸，放番茄片煮 2 分钟，下菠菜段，淋蛋液搅匀，加盐即可。

紫菜虾皮蛋花汤

材料　紫菜碎 5 克，虾皮 10 克，黄瓜片 50 克，鸡蛋 1 个。

调料　盐 4 克，葱花、香油各适量。

做法

1 紫菜碎与虾皮放碗中；鸡蛋磕开，搅匀。

2 油锅烧热，加入葱花炝香，放适量水烧开，淋入鸡蛋液，待蛋花浮起时，放黄瓜片，加盐、香油，把汤倒入紫菜碗中即可。

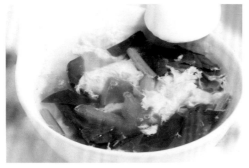

苋菜笋丝汤

准备 10 分钟　烹调 5 分钟

材料 苋菜 100 克，冬笋丝 80 克，胡萝卜丝 50 克，水发香菇 2 朵。

调料 盐 4 克，姜末、香油各适量。

做法

1 苋菜洗净，焯水；冬笋丝煮熟；香菇洗净去蒂，切丝焯水。

2 油锅烧热，煸香姜末，放胡萝卜丝，倒适量清水烧开，放笋丝、香菇丝、苋菜略煮，加盐，淋香油即可。

丝瓜油条汤

准备 5 分钟　烹调 8 分钟

材料 丝瓜 250 克，油条 1 根。

调料 盐 5 克，葱末 2 克。

做法

1 丝瓜去蒂、去皮，洗净，切成滚刀块；油条切小段。

2 油锅烧热，放入葱末爆香，再放入丝瓜块迅速翻炒，倒入适量清水煮开，加盐调味，起锅前放入油条段略煮即可。

香菇笋片汤

准备 10 分钟　烹调 8 分钟

材料 竹笋 200 克，水发香菇 5 朵，青菜心 50 克。

调料 盐 3 克，香油适量。

做法

1 将香菇去蒂，洗净后一切 4 瓣；竹笋去壳切片，焯水；青菜心洗净，切段。

2 将香菇、笋片放入锅中，加适量清水置火上烧开，出锅前加入青菜心段稍煮，放入盐调味，淋入香油即可。

煲汤

酸菜冬瓜瘦肉汤

准备 3小时　烹调 50分钟

材料　猪瘦肉、酸菜各100克，冬瓜250克。

调料　姜片、盐各适量。

做法

1. 酸菜用清水浸泡3小时，洗去盐分，沥干，切细丝；冬瓜去皮、去瓤，切小块；猪瘦肉洗净，切小块。

2. 将酸菜丝、瘦肉块、姜片放入凉水中煲40分钟，冬瓜块在肉将烂时放入煮至透明，加盐调味即可。

银耳木瓜排骨汤

准备 60分钟　烹调 2小时

材料　猪排骨250克，干银耳10克，木瓜100克。

调料　盐4克，葱段、姜片各适量。

做法

1. 银耳泡发，洗净，撕小朵；木瓜去皮、子，切块；排骨洗净，切段，焯水。

2. 汤锅加清水，放入排骨、葱段、姜片烧开，放银耳小火慢炖1.5小时，放木瓜块，再炖15分钟，调入盐搅匀即可。

莲藕排骨汤

准备 15分钟　烹调 2小时

材料　猪排骨块300克，莲藕块200克。

调料　盐4克，胡椒粉2克，葱段、姜片、料酒各适量。

做法

1. 锅内加清水、葱段、料酒、猪排骨块及部分姜片，焯去血水，捞出。

2. 汤锅加水，放猪排骨块、藕块及剩余姜片煮沸，转小火煲约1.5小时，加盐、胡椒粉即可。

金针黄豆排骨汤

准备 20分钟　烹调 70分钟

材料　金针菇100克，泡发黄豆50克，猪小排150克，红枣适量。

调料　盐4克，姜片适量。

做法

1 金针菇洗净，去根，切段；猪小排洗净，切块，焯去血水；红枣洗净，去核。

2 锅中倒水烧开，放姜片、猪小排、黄豆、红枣烧开，转小火炖1小时，加入金针菇，转中火焖2分钟，加盐调味即可。

海带腔骨汤

准备 20分钟　烹调 100分钟

材料　腔骨500克，海带段50克，枸杞子10克，红枣20克，水发香菇3朵。

调料　姜片、盐各5克，料酒、醋各10克，香油少许。

做法

1 将腔骨洗净，切块，焯烫，捞出；香菇洗净，去蒂，切片；枸杞子、红枣洗净。

2 锅中倒温水，将各种材料（除枸杞子外）放锅中，加姜片、料酒、炖煮熟，放枸杞子、盐、醋煮5分钟，淋香油即可。

烹饪提示

煮腔骨开始加水时要用温水，沸水和凉水都会使腔骨的肉发紧。

猪蹄花生浓汤

准备 40分钟　烹调 135分钟

材料　猪蹄500克，花生仁50克，枸杞子5克。

调料　盐5克，料酒15克，葱段、姜片各适量。

做法

1 猪蹄洗净，用刀轻刮表皮，剁成小块，焯水备用；花生仁泡水半小时后煮开，捞出备用。

2 汤锅加清水，放入猪蹄块以及料酒、葱段、姜片大火煮开，小火炖1小时，放入花生仁再炖1小时，加枸杞子同煮10分钟，加盐即可。

烹饪提示

可以根据个人喜好选择猪蹄，喜欢肉质多的可选择前蹄，喜欢啃骨头的可选择后蹄。

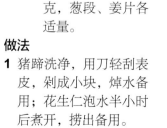

雪梨猪肺汤

准备 15分钟　烹调 50分钟

材料　雪梨1个，猪肺200克。

调料　骨头汤2000克，料酒10克，盐4克，花椒粉2克。

做法

1 雪梨洗净，去蒂，除核，连皮切块；猪肺洗净，切片，凉水下锅煮开，去血水，再用冷水洗净，沥干。

2 锅置火上，倒入骨头汤烧开，加入料酒和花椒粉，放入猪肺片煮至八成熟，加雪梨块煮至猪肺熟透，加少许盐调味即可。

罗宋汤

准备 15分钟　烹调 1.5小时

材料　牛肉200克，土豆、番茄各1个，胡萝卜1根，圆白菜半个。

调料　醋10克，白糖5克，茴香、盐各适量。

做法

1 土豆去皮，洗净，切块；圆白菜洗净，切成细条；胡萝卜洗净，切丝；番茄洗净，去皮，擦碎；茴香洗净，切碎；牛肉洗净，切块。

2 牛肉块煮熟，撇去浮沫，放入土豆块，煮5分钟，放入圆白菜条，继续煮。

3 另起锅，倒油烧热，放入胡萝卜丝炒香，调入醋、白糖，加入少量水，炖15分钟，倒入番茄碎。

4 土豆、圆白菜七成熟时，倒入胡萝卜丝汤，转小火炖烂，关火，撒入茴香碎、盐，盖盖子稍闷即可。

羊肉胡萝卜煲

准备 20 分钟 烹调 50 分钟

材料 羊瘦肉 300 克，胡萝卜丝 150 克，豌豆 60 克，山药片 100 克。

调料 草果、葱白段、姜片、醋 各 10 克，黄酒 20 克，盐、胡椒粉各 3 克。

做法

1 将羊瘦肉洗净，去筋膜，切小块，焯水，捞出。

2 豌豆洗净；草果放入小纱布袋内，袋口扎紧。

3 羊肉块放入砂锅内，再加山药片、葱白段、姜片、黄酒、草果，放适量清水，用大火煮沸，撇去浮沫，小火炖至羊肉酥烂，捞去葱、姜、草果布袋，加胡萝卜丝、豌豆煮熟，加盐、醋、胡椒粉调味即可。

红枣羊腩汤

准备 15 分钟 烹调 1 小时

材料 羊腩 200 克，红枣 20 克。

调料 盐 5 克，料酒 15 克，胡椒粉少许。

做法

1 羊腩洗净，切小块，放入锅中，倒入适量清水，大火烧开，略煮片刻，去除血水，捞出沥干。

2 红枣洗净，去核。

3 锅中放入适量清水，放入羊腩和红枣，加料酒炖约 50 分钟，加盐、胡椒粉调味即可。

> **烹饪提示**
> 要想去除羊肉膻味，可在焯烫羊肉的开水锅中加一些醋，比例为 500 克羊肉、500 克水、25 克醋。

萝卜羊排汤

准备 15 分钟 烹调 1.5 小时

材料 羊排骨 250 克，白萝卜 150 克。

调料 盐 5 克，姜片、葱段各 10 克，料酒 15 克，葱花少许。

做法

1 羊排骨洗净，剁成大块，凉水下锅煮开，去血水，捞出，用温水冲净备用；白萝卜去皮洗净，切厚片。

2 煲锅中倒适量清水，放羊排骨、葱段、姜片、料酒大火煮沸后改小火炖 1 小时，加白萝卜片继续炖煮约 30 分钟，撒上葱花，加盐调味即可。

猴头菇清鸡汤

材料　鸡肉 250 克，黄豆 40 克，猴头菇 30 克，茯苓 15 克，去核红枣适量。

调料　盐 4 克。

做法

1　鸡肉洗净后切块；黄豆用清水浸泡，洗净；猴头菇用温水泡软之后切成薄片；茯苓、去核红枣分别洗净。

2　将上述材料放入砂锅内，加清水，大火煮沸后改用小火煮 1 小时，以黄豆软烂为度，加盐调味即可。

烹饪提示

选购猴头菇时，新鲜者呈白色，干制后呈褐色或淡黄色，以形体完整、茸毛齐全、体大者为佳。

八宝鸡汤

材料　三黄鸡 1 只，山药块、胡萝卜块、荸荠块各 100 克，玉米笋 50 克，薏米 20 克，红枣 10 克，陈皮 5 克。

调料　盐5克，鸡高汤适量。

做法

1　薏米洗净，浸泡 2 小时；三黄鸡宰杀洗净，切块，凉水下锅煮开，去血水，捞出，过凉；玉米笋、红枣、陈皮洗净。

2　煲内倒鸡高汤，放所有材料大火煮沸，小火煲 1 小时，加盐即可。

营养功效

这道汤有益气补血、强身健体的作用。

茶树菇老鸭煲

材料　茶树菇、干香菇各 40 克，老鸭 1 只，春笋段 100 克，火腿片 30 克。

调料　葱段 20 克，姜 10 克，盐 5 克。

做法

1　茶树菇和香菇泡发，洗净；春笋去外层硬壳，去老根，用刀背拍松切段；姜洗净用刀拍破；

老鸭治净，斩大块，煮变色，捞出。

2　将清水倒入砂锅中煮沸，放鸭块、火腿片炖 2 小时，放笋段、香菇、葱段、姜块、茶树菇段炖 20 分钟，加盐即可。

烹饪提示

在炖老鸭时，加几片火腿或腊肉，鸭汤更加鲜香。

荸荠玉米煲老鸭汤　准备20分钟　烹调2小时

材料　老鸭400克，荸荠100克，鲜玉米1根。

调料　盐5克，葱花、姜片各适量，香油、胡椒粉各少许。

做法

1　荸荠去皮，洗净；玉米洗净，剁成段；将鸭子洗净，剁成块，凉水下锅煮开，捞出沥水。

2　煲锅置火上，加入适量清水烧开，放入鸭肉块、姜片，大火煮沸后改小火煲1.5小时，放入玉米段、荸荠一同煲至熟，加盐、胡椒粉调味，撒上葱花，淋入香油即可。

萝卜丝鲫鱼汤　准备15分钟　烹调40分钟

材料　白萝卜200克，鲫鱼1条，火腿丝10克。

调料　鱼高汤、盐、料酒、胡椒粉、葱段、姜片各适量

做法

1　鲫鱼去鳞、鳃及内脏后洗净。

2　白萝卜洗净，切丝，冲洗，放入沸水中焯一下，捞出冲凉。

3　锅内放油烧热，爆香葱段、姜片，放鲫鱼略煎，添鱼高汤，加白萝卜丝、火腿丝烧开，转中小火煮至鱼汤呈乳白色，加盐、料酒、胡椒粉，煮开即可。

烹饪提示

在煎鱼的时候，用生姜在锅里涂一下可以防止粘锅。

鲫鱼冬瓜汤　准备15分钟　烹调45分钟

材料　鲫鱼1条，冬瓜300克。

调料　盐、胡椒粉各3克，葱段、姜片、清汤、料酒各适量，香菜末少许。

做法

1　将鲫鱼刮鳞、除鳃、去内脏，洗净沥干；冬瓜去皮、去瓤，切成大片。

2　锅置火上，放油烧至六成热，放入鲫鱼煎至两面金黄出锅。

3　锅内留底油烧至六成热，放姜片、葱段煸香，放入鲫鱼、料酒，倒入适量清汤大火烧开，开锅后改小火焖煮至汤色乳白，加冬瓜片煮熟后，加盐、胡椒粉，撒香菜末即可。

甜汤

薏米南瓜汤

准备 4 小时　烹调 60 分钟

材料　薏米、南瓜各 50 克，牛奶 100 克。

调料　盐 2 克，白糖 10 克。

做法

1　薏米洗净，泡 4 小时；南瓜去皮、子，洗净，蒸熟，打成蓉。

2　锅内放适量清水大火烧开，加薏米煮熟，倒入南瓜蓉，用盐、白糖和牛奶调味即可。

绿豆百合汤

准备 4 小时　烹调 40 分钟

材料　绿豆 50 克，干百合 15 克。

调料　冰糖适量。

做法

1　将绿豆洗净，浸泡 4 小时；干百合洗净，泡软。

2　将绿豆放入砂锅里，加适量水，大火煮沸后，用小火煮至绿豆开花，放百合、冰糖再煮 5 分钟即可。

鲜奶玉米汤

准备 5 分钟　烹调 15 分钟

材料　鲜牛奶 500 克，甜玉米 150 克。

调料　冰糖少许。

做法

1　甜玉米从罐头中取出，洗净，煮熟。

2　锅中倒入牛奶烧开，倒入甜玉米，加少许冰糖搅动两三分钟，关火。

3　待玉米汤放凉，放入冰箱冷藏后食用更具风味。

花生桂圆红枣汤

准备 2 小时　烹调 1 小时

材料 花生仁 50 克，干桂圆 25 克，红枣适量。

调料 白糖适量。

做法

1 花生仁洗净，用温水泡 2 小时；桂圆去壳洗净，去核；红枣洗净，去核，泡软。

2 锅中放适量清水，并加入泡好的花生仁、红枣煮 30 分钟，再加桂圆煮 20 分钟，关火，加适量白糖调好口味即可。

营养功效

常喝此汤有益气补血、强身健体的作用。

红枣银耳羹

准备 35 分钟　烹调 1 小时

材料 干银耳 15 克，红枣 30 克。

调料 冰糖 20 克。

做法

1 银耳与红枣用温水浸泡 30 分钟，银耳去蒂、撕小朵。

2 锅中加适量清水，倒入银耳，大火煮开至银耳开始发白。

3 加入红枣，继续大火煮

10 分钟后，转入小火炖 30 分钟。

4 待银耳变得黏软，红枣味儿开始渗出，加入冰糖，搅拌均匀即可。

烹饪提示

如果选用的红枣皮比较厚，尽量泡时间长一些，这样在煮的过程中，才能让枣味充分煮出来。

米酒蛋花汤

准备 3 分钟　烹调 5 分钟

材料 米酒 300 克，鸡蛋 1 个。

调料 白糖适量。

做法

1 鸡蛋磕开，打散，搅匀成蛋液。

2 锅中倒入米酒和适量清水，大火烧开，倒入鸡蛋液，快速搅拌，至煮开，加白糖调味即可。

营养功效

米酒含有多种氨基酸，糯米经过酿制，营养更易于吸收，有活血通经、温寒补虚、提神解乏的食疗功效。

烹饪提示

鸡蛋打得越散越好，倒入锅中要快速搅拌，形成细小的鸡蛋花，还可调入少许水淀粉增加浓稠感。

莲子桂圆羹

准备 5分钟　烹调 40分钟

材料 莲子、桂圆肉各 30 克，红枣 20 克。

调料 冰糖适量。

做法

1 莲子洗净，浸泡，去心；桂圆肉洗净；红枣洗净，去核。

2 莲子、桂圆肉、红枣一同放入砂锅内，加适量水，小火炖至莲子熟烂，加冰糖煮至化开即可。

银耳莲子枸杞雪梨汤

准备 35分钟　烹调 1小时

材料 干银耳 10 克，净莲子 30 克，净枸杞子 8 克，雪梨块 200 克。

调料 冰糖 10 克。

做法

1 干银耳泡发，去根蒂，撕成小朵。

2 将银耳、莲子放进砂锅，加足量水，大火烧开，转小火慢慢熬至发黏，放入雪梨块、枸杞子、冰糖，继续熬至银耳胶化即可。

百合山药枸杞甜汤

准备 2小时　烹调 40分钟

材料 山药 150 克，干百合 15 克，枸杞子 10 克。

调料 冰糖适量。

做法

1 山药去皮洗净，切小块；干百合、枸杞子分别用清水洗净，泡发。

2 锅内倒入适量清水煮沸，放山药块、百合，改小火煮至山药块熟烂，加枸杞子用小火煮约 5 分钟，加冰糖煮化即可。

红糖山楂荔枝汤

准备 15分钟　烹调 30分钟

材料 山楂肉、荔枝肉各 50 克，桂圆肉 20 克，枸杞子 5 克。

调料 红糖适量。

做法

1 山楂肉、荔枝肉洗净；桂圆肉稍浸泡后洗净；枸杞子稍泡洗净，捞出沥水。

2 锅内倒入清水，放山楂肉、荔枝肉、桂圆肉，大火煮沸后改小火煮 20 分钟，加枸杞子煮约 5 分钟，加红糖拌匀即可。

PART

8

养生粥膳
健康滋补最养人

原香粥膳

大米粥
准备 35分钟 烹调 40分钟

材料 大米100克。
做法
1 大米淘洗干净，用水浸泡30分钟。
2 锅置火上，倒入适量清水烧开，放入大米大火煮沸，再转小火熬煮30分钟至米粒开花即可。

绿豆粥
准备 4小时 烹调 1小时

材料 大米50克，绿豆、薏米各30克。
做法
1 绿豆、薏米分别洗净，都浸泡4小时；大米淘洗干净，用水浸泡30分钟。
2 锅置火上，放入适量清水大火烧开，加绿豆和薏米煮沸，转小火煮至六成熟时，放入大米，大火煮沸后转小火继续熬煮至米烂粥稠即可。

二米粥
准备 35分钟 烹调 40分钟

材料 小米、大米各50克。
做法
1 小米和大米分别洗净，大米浸泡30分钟。
2 锅内放水煮沸，加大米、小米煮至米烂粥稠即可。

玉米糁粥
准备 4小时 烹调 40分钟

材料 玉米糁75克。
做法
1 玉米糁淘洗干净，用水浸泡4小时。
2 锅置火上，倒入适量清水烧开，放入玉米糁子大火煮沸，转小火熬煮至粥稠即可。

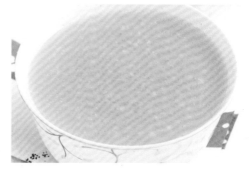

咸粥

皮蛋瘦肉粥

准备 30 分钟　烹调 45 分钟

材料 大米 100 克，猪瘦肉 50 克，皮蛋（松花蛋）1 个。

调料 葱末 10 克，料酒 5 克，盐 3 克，胡椒粉少许。

做法

1 大米淘洗干净，浸泡 30 分钟；皮蛋去壳，煮熟后切丁；猪瘦肉洗净，凉水下锅，加料酒煮熟，撕成丝。

2 锅置火上，放水烧沸，下入大米煮沸后改小火煮成粥，加入盐、皮蛋丁、熟猪肉丝搅匀烧沸。食用时撒上胡椒粉、葱末即可。

牛肉滑蛋粥

准备 30 分钟　烹调 40 分钟

材料 牛里脊肉 50 克，大米 100 克，鸡蛋 1 个。

调料 姜末、葱末、香菜末各 5 克，盐 4 克。

做法

1 牛里脊肉洗净，切片，加盐腌 30 分钟；大米淘洗干净，用水浸泡 30 分钟。

2 锅置火上，加适量清水煮开，放入大米，煮至将熟，将牛里脊肉片下锅中煮至变色，鸡蛋打入锅中搅拌，粥熟后加盐、葱末、姜末、香菜末即可。

状元及第粥

准备 30 分钟　烹调 40 分钟

材料 大米 100 克，猪肉片、猪肝片、猪肚块、猪腰片各 25 克，油条碎 20 克。

调料 淀粉、料酒、姜末、香菜末、葱末各 5 克，盐 4 克。

做法

1 大米洗净；猪肝片用淀粉抓匀；将猪肉片、猪肝片、猪肚块和猪腰片放入加了料酒、姜末的凉水中煮熟，捞出沥干。

2 锅内放水煮沸，加大米煮开，加猪肉片、猪肝片、猪肚块、猪腰片煮沸，加油条碎、香菜末、盐、葱末拌匀即可。

生姜羊肉粥

准备 35分钟　准备 40分钟

材料　大米100克，熟羊肉60克，姜末15克。

调料　葱末、料酒各5克，盐3克。

做法

1. 熟羊肉切粒；大米洗净，浸泡30分钟。
2. 锅中加水烧开，放入大米煮成粥。
3. 锅置火上，倒植物油烧热，加葱末、姜末爆香，下羊肉粒稍煸，倒入料酒炒熟，将羊肉倒入大米粥中，最后加盐调味即可。

> **烹饪提示**
> 羊肉粥还可以搭配胡萝卜，能去除羊肉的膻味。

羊肉萝卜粥

准备 4小时　烹调 50分钟

材料　羊肉片100克，白萝卜丁100克，高粱米、大米各50克。

调料　羊肉汤1500克，陈皮末、葱末、姜末、料酒各10克，五香粉、盐各3克，香油适量。

做法

1. 高粱米淘洗干净，浸泡4小时；大米洗净，浸泡30分钟。
2. 锅内放羊肉汤、料酒、五香粉、陈皮末和适量清水，大火烧开，加入高粱米、大米煮至七成熟，加白萝卜丁煮成稀粥，加羊肉片煮熟，再加入盐、葱末、姜末、香油调味即可。

生滚鱼片粥

准备 35分钟　烹调 40分钟

材料　黑鱼片50克，大米100克。

调料　葱末、姜末、酱油、料酒各5克，盐3克，胡椒粉适量。

做法

1. 大米洗净，泡30分钟；黑鱼片洗净，加姜末、酱油、料酒、盐、胡椒粉拌匀，腌渍15分钟。
2. 锅置火上，加清水大火烧沸，加少许植物油，放大米煮至粥九成熟。
3. 将米粥倒入砂锅中，大火煮沸，倒入黑鱼片，迅速滑散，煮5分钟，加葱末、盐调味即可。

> **烹饪提示**
> 如果没有黑鱼，也可以用草鱼，不影响功效。但草鱼刺多，食用时要注意。

艇仔粥

准备 3 小时　准备 40 分钟

材料 大米 100 克，鲜鱿鱼丝 80 克，猪肉皮丝、烧鸭肉各 50 克，猪肚碎 30 克，去皮油炸花生仁、干贝各 25 克。

调料 葱末、姜末、酱油各 5 克，盐 4 克。

做法

1 大米洗净；鲜鱿鱼丝焯烫至熟；干贝去除老筋，用温水泡开，撕碎；猪肉皮丝煮熟烂；烧鸭肉切小块；将鱿鱼丝、肉皮丝、烧鸭肉块、花生仁放大碗内。

2 锅内加水烧沸，加大米、干贝、猪肚碎煮沸，熬至粥成，加盐调味，将粥倒入大碗中，再加酱油、姜末、葱末拌匀即可。

青菜虾仁粥

准备 35 分钟　烹调 40 分钟

材料 大米 100 克，青菜、虾仁各 50 克。

调料 鸡汤 250 克，盐 5 克。

做法

1 青菜洗净，焯水，切段；虾仁洗净，焯水；大米洗净，浸泡。

2 锅置火上，倒入鸡汤和适量清水煮开，倒入大米，大火煮沸，转小火熬煮至黏稠。

3 将虾仁放入粥中，略煮片刻后加入青菜段，再放入盐调味即可。

> **烹饪提示**
>
> 用鸡汤煮出来的粥，不仅营养丰富，而且味道鲜美。

鲜虾冬瓜粥

准备 35 分钟　烹调 40 分钟

材料 冬瓜 150 克，净虾仁 50 克，大米 100 克，蘑菇 20 克。

调料 鸡汤 1000 克，盐 3 克，胡椒粉少许。

做法

1 冬瓜洗净，去瓤和子，保留瓜皮，切丁，焯透；大米洗净，浸泡 30 分钟；蘑菇洗净，切粒；虾仁放五成热的油锅中炸熟捞出。

2 锅内加鸡汤和清水烧沸，放大米烧开后转小火熬 20 分钟，加冬瓜丁、蘑菇粒煮至粥熟，加虾仁、胡椒粉和盐即可。

> **营养功效**
>
> 冬瓜有利水、化湿、祛痰的功效，对于肾炎水肿、小便不利等痰湿体质常见的病症有很好的食疗作用。

甜粥

奶香麦片粥

35 准备分钟 40 准备分钟

材料 牛奶1袋（约250克），燕麦片50克。

调料 白糖10克。

做法

1 燕麦片放清水中浸泡30分钟。

2 锅置火上，放入适量清水大火烧开，加燕麦片煮熟，关火，再加入牛奶拌匀，最后调入白糖拌匀即可。

> **营养功效**
>
> 牛奶富含蛋白质和钙、磷、锌等营养素，有生津止渴、滋润肠道、清热通便、补虚健脾、镇静安神等作用。

菠萝粥

35 准备分钟 40 准备分钟

材料 大米100克，菠萝肉50克。

调料 冰糖5克，盐适量。

做法

1 大米洗净，浸泡30分钟；菠萝肉切成细丁，用淡盐水浸泡10分钟。

2 锅内倒水烧沸，放大米煮至粥成，放菠萝丁煮沸，加冰糖调味即可。

> **烹饪提示**
>
> 煮制此粥时，应待大米粥煮成后再加入菠萝，否则菠萝的营养容易流失。

桂花栗子粥

4 准备小时 50 准备分钟

材料 栗子80克，糯米100克。

调料 糖桂花5克。

做法

1 栗子去壳，洗净，取出栗子肉，切丁；糯米洗净，浸泡4小时。

2 锅内倒水烧沸，放糯米大火煮沸后转小火熬煮20分钟，加栗子肉丁，煮至粥熟，撒糖桂花即可。

> **烹饪提示**
>
> 因栗子含淀粉较多，摄入过多易发胖，故宜少量食用。

腊八粥

准备 4小时　准备 1小时

材料 大米 50 克，糯米、小米、红豆各 30 克，红枣、核桃仁、松子仁、栗子肉、花生仁、葡萄干、杏仁各 10 克。

做法

1 糯米、大米、小米、红豆、花生仁分别洗净，糯米、红豆和花生仁浸泡 4 小时，大米浸泡 30 分钟。

2 锅内倒清水烧沸，将糯米、大米、小米、红豆倒入锅中，煮沸后转小火继续熬煮，六成熟时加入红枣、栗子肉、核桃仁、花生仁、杏仁和松子仁，撒葡萄干煮熟即可。

奶香黑芝麻甜粥

准备 35分钟　烹调 45分钟

材料 牛奶 200 克，大米 100 克，熟黑芝麻 20 克，枸杞子 10 克。

调料 冰糖 10 克。

做法

1 大米洗净，浸泡 30 分钟；枸杞子洗净。

2 锅置火上，倒入清水大火烧开，加大米煮沸，转小火煮 30 分钟成稠粥。

3 粥中加牛奶，转中火烧沸，再加枸杞子和冰糖搅匀，撒上熟黑芝麻即可。

> **烹饪提示**
> 鲜牛奶只要煮沸即可，因为久煮后会损失许多营养。

莲子红豆粥

准备 4小时　烹调 1.5小时

材料 糯米、红豆各 70 克，莲子 50 克，干百合 15 克。

调料 白糖 10 克。

做法

1 糯米淘洗干净，用水浸泡 4 小时；红豆洗净，用水浸泡 4 小时；莲子洗净，去心；干百合洗净，泡软。

2 锅内加适量清水煮沸，放红豆煮 40 分钟，放糯米、莲子大火煮沸，转用小火熬 40 分钟，放入百合煮至米烂粥稠，再加白糖调味即可。

> **营养功效**
> 百合可润肺止咳，莲子可滋阴润肺、清心去斑、防老抗衰。以上材料搭配食用，具有滋阴润肺、养心安神、美容的功效。

百合南瓜粥

材料　南瓜 250 克，糯米 100 克，鲜百合 20 克。

调料　冰糖 10 克。

做法

1 鲜百合洗净，剥成小瓣；南瓜洗净，去皮和子，切块；糯米淘洗干净，用搅拌机打成粉。

2 锅置火上，倒入适量清水大火烧开，加糯米粉、南瓜块大火煮沸，再转小火熬煮至蓉状，加入鲜百合和冰糖，煮至冰糖全部化开即可。

── 烹饪提示 ──

待粥熟后，也可撒些熟黑芝麻，既美观，润燥功效也更强。

核桃紫米粥

准备 4 小时　烹调 70 分钟

材料　紫米 80 克，核桃仁 30 克，大米 20 克，葡萄干 10 克。

调料　冰糖 15 克。

做法

1 核桃仁剁碎；葡萄干洗净；紫米洗净，浸泡 4 小时；大米洗净，浸泡 30 分钟。

2 锅内倒入清水大火烧开，加紫米煮沸，加大米改小火熬煮至黏稠，加葡萄干、冰糖继续熬煮 5 分钟，待粥凉后，撒上核桃碎，拌匀即可。

── 营养功效 ──

核桃仁可健脑益智，紫米可滋阴补血，葡萄干可补血强智。几种食材搭配食用，具有较强的补血健脑、润泽肌肤、防皱抗衰功效。

银耳红枣雪梨粥

准备 35 分钟　烹调 45 分钟

材料　雪梨 200 克，大米 100 克，去核红枣 20 克，干银耳 10 克。

调料　冰糖 20 克。

做法

1 干银耳泡发，洗净去蒂，焯烫一下，捞出，撕成小块。

2 雪梨洗净，连皮切块；大米洗净，浸泡半小时；红枣洗净。

3 锅中倒清水烧开，加大米、银耳、红枣煮沸，转小火煮 30 分钟，再加入梨块煮 5 分钟，加冰糖煮至化开即可。

PART
9

可口饮品

喝出身体好状态

葡萄猕猴桃汁 10^{准备} 2^{烹调}

材料 葡萄、柠檬各 30 克，猕猴桃 100 克，牛奶 150 克。

做法

1 葡萄连皮用盐水洗净，切成两半去子；柠檬去皮取肉；猕猴桃去皮，切块。

2 将所有材料放入榨汁机中，按下开关，榨成汁后倒入杯中即可。

芒果菠萝草莓汁 20^{准备} 2^{烹调}

材料 芒果块 200 克，菠萝、草莓各 50 克。
调料 盐少许。

做法

1 菠萝去皮，切块，放盐水中浸泡 15 分钟。

2 将全部材料倒入搅拌机中，加入少量凉饮用水，搅拌约 1 分钟，搅打均匀后倒入杯中即可。

草莓葡萄柚汁 5^{准备} 5^{烹调}

材料 草莓 50 克，葡萄柚 150 克。
调料 蜂蜜适量。

做法

1 葡萄柚洗净，去皮、核，切块；草莓洗净。

2 将葡萄柚块、草莓倒入全自动豆浆机中，加入适量凉饮用水，按下"果蔬汁"键，豆浆机提示做好后，加入蜂蜜搅匀即可。

苹果蔬菜汁 5^{准备} 5^{烹调}

材料 苹果块 100 克，油菜 80 克，柠檬 30 克。
调料 蜂蜜适量。

做法

1 油菜洗净，切小段；柠檬去皮、子。

2 将切好的食材倒入全自动豆浆机中，加入适量凉饮用水，按下"果蔬汁"键，搅打均匀后，加入蜂蜜搅匀即可。

胡萝卜菠萝汁 准备20分钟 烹调3分钟

材料 胡萝卜150克，菠萝（去皮）100克。
调料 白糖、盐各适量。
做法
1 胡萝卜洗净，切小块；菠萝洗净，切小块，放入淡盐水中泡15分钟取出。
2 将切好的食材倒入榨汁机中，加入适量凉饮用水，搅打均匀后，加白糖搅匀即可。

木瓜柠檬汁 准备5分钟 烹调3分钟

材料 木瓜150克，柠檬60克。
做法
1 木瓜、柠檬分别去皮、去子，切小块。
2 将木瓜块和柠檬块倒入榨汁机中，加入适量凉饮用水，榨成汁后倒入杯中即可。

薄荷西瓜汁 准备5分钟 烹调3分钟

材料 西瓜200克，薄荷叶3片。
调料 白糖10克。
做法
1 西瓜去皮、去子，切小块；薄荷叶洗净。
2 将上述食材倒入榨汁机中，搅打均匀后倒入杯中，加入白糖搅拌至化开即可。

香蕉苹果牛奶饮 准备5分钟 烹调5分钟

材料 香蕉50克，苹果100克，牛奶250克。
调料 蜂蜜适量。
做法
1 香蕉剥皮，切成小块；苹果去皮、洗净，切块。
2 将苹果块、香蕉块、蜂蜜连同牛奶一起放入全自动豆浆机中，按下"果蔬汁"键，豆浆机提示做好后倒入杯中即可。

苦瓜蜂蜜姜汁

准备 8 分钟　烹调 3 分钟

材料　苦瓜 100 克，柠檬 60 克。
调料　姜片 5 克，蜂蜜适量。
做法

1 苦瓜去子，切小块；柠檬洗净，去皮、子。
2 将材料、调料倒入榨汁机中，加入适量凉饮用水，搅打均匀后倒入杯中即可。

黄瓜苹果橙汁

准备 5 分钟　烹调 3 分钟

材料　黄瓜块、苹果块、柳橙块各 80 克，柠檬块 30 克。
调料　蜂蜜适量。
做法

　将黄瓜块、苹果块、柳橙块、柠檬块倒入榨汁机中，加入少量凉饮用水，搅打均匀，倒入杯中，加入蜂蜜调味即可。

苹果芦荟汁

准备 5 分钟　烹调 3 分钟

材料　苹果 100 克，芦荟 20 克。
调料　蜂蜜适量。
做法

1 苹果洗净，去皮、核，切小块；芦荟洗净，切小块。
2 将上述食材倒入榨汁机中，加入适量凉饮用水，搅打成汁后倒入杯中，加入蜂蜜搅匀即可。

木瓜香橙奶

准备 5 分钟　烹调 5 分钟

材料　木瓜 150 克，橙子 100 克，牛奶 200 克。
做法

1 木瓜、橙子分别清洗干净，去皮、子，切小块。
2 将木瓜块、橙子块倒入榨汁机中，加入牛奶，搅打均匀后倒入杯中即可。

PART 9
可口饮品

五谷酸奶豆浆 ^{准备}12小时 ^{烹调}30分钟

材料 黄豆50克，大米、小米、小麦仁、玉米糙各15克，酸奶200克。

做法

1 黄豆及小麦仁浸泡8~12小时，洗净；大米、小米、玉米糙洗净，浸泡2小时。

2 将上述食材倒入豆浆机中，加适量水煮至豆浆做好，放凉，加酸奶拌匀即可。

牛奶花生豆浆 ^{准备}10分钟 ^{烹调}25分钟

材料 净黄豆60克，净花生仁20克，牛奶250克。

调料 白糖15克。

做法

　　把花生仁和黄豆倒豆浆机中，加水至上下水位线之间煮至豆浆机提示豆浆做好，加白糖调味，倒牛奶搅匀即可。

糯米芝麻杏仁豆浆 ^{准备}10小时 ^{烹调}25分钟

材料 黄豆40克，糯米25克，熟芝麻10克，杏仁15克。

做法

1 黄豆泡10小时，洗净；糯米洗净，浸泡2小时；杏仁碾碎。

2 将食材一同倒入全自动豆浆机中，加水至上下水位线之间，煮至豆浆机提示豆浆做好即可。

芝麻黑米豆浆 ^{准备}10小时 ^{烹调}25分钟

材料 黑豆60克，黑米20克，净花生仁、黑芝麻碎各10克。

调料 白糖15克。

做法

1 黑豆泡10小时，黑米泡2小时，都洗净。

2 将全部材料一同倒入全自动豆浆机中，加水至上下水位线之间，煮至豆浆机提示豆浆做好，加白糖调味即可。

花生红枣米糊 准备2小时 烹调25分钟

材料 大米30克，花生仁20克，红枣5克。

做法

1 大米洗净，浸泡2小时；红枣洗净，用温水浸泡30分钟，去核；花生仁洗净。

2 将全部材料倒入全自动豆浆机中，加水至上下水位线之间，按下"米糊"键，煮至豆浆机提示米糊做好即可。

薏米芝麻双仁米糊 准备2小时 烹调25分钟

材料 大米、薏米各30克，熟核桃仁、熟黑芝麻、熟杏仁各适量。

做法

1 大米、薏米洗净，用清水浸泡2小时。

2 将材料倒入全自动豆浆机中，加水至上下水位线之间，按下"米糊"键，煮至豆浆机提示做好即可。

胡萝卜核桃米糊 准备2小时 烹调25分钟

材料 大米50克，胡萝卜块、核桃仁各30克，牛奶200克。

做法

1 大米洗净，浸泡2小时。

2 将大米、胡萝卜块、核桃仁倒入全自动豆浆机中，加水至上下水位之间，按"米糊"键煮至提示做好，加牛奶即可。

红豆燕麦小米糊 准备4小时 烹调30分钟

材料 红豆20克，燕麦片、小米各30克，熟黑芝麻10克。

做法

1 红豆洗净，浸泡4小时；小米洗净，泡2小时。

2 将红豆、燕麦片、黑芝麻、小米倒豆浆机中，加水，按"米糊"键，煮至豆浆机提示米糊做好即可。

创 意 美 味 篇

PART

10

香辣下饭菜

不由自主地多吃两碗饭

凉菜 麻辣莴笋　准备10分钟　烹调5分钟

材料　莴笋250克，熟芝麻5克。

调料　盐4克，白糖、花椒粉各3克，花椒2克，辣椒油适量。

做法

1 将莴笋去皮，洗净，切丝，下入沸水锅中焯烫一下，捞出过凉，沥水，装盘。

2 锅置火上，倒油烧热，放入花椒炸成花椒油。将盐、白糖、花椒粉、花椒油、辣椒油、熟芝麻调匀成麻辣味汁，浇在莴笋丝上即可。

热菜 乡村土豆丝　准备5分钟　烹调8分钟

材料　土豆、芹菜各适量。

调料　盐、白糖、酱油、红油、红椒各适量。

做法

1 土豆去皮，洗净，切丝；红椒、芹菜均洗净，切碎。

2 锅内倒油烧热，放入土豆丝、芹菜碎、红椒碎同炒片刻，倒入少许清水烧开。

3 继续炖至熟，大火收汁，调入盐、白糖、酱油、红油拌匀即可。

热菜 鲜笋炒酸菜　准备5分钟　烹调5分钟

材料　鲜笋250克，酸菜150克，红椒50克。

调料　葱花4克，盐3克，香油8克。

做法

1 鲜笋洗净，切丁；红椒洗净，切圈；酸菜洗净，切碎。

2 油锅烧热，放入红椒圈炒香，加笋丁、酸菜碎炒熟，加盐、香油调味，出锅装盘，撒上葱花即可。

热菜 水煮蘑菇　准备5分钟　烹调10分钟

材料　蘑菇400克，熟白芝麻少许。

调料　豆瓣酱、盐、酱油、干辣椒、葱花各适量。

做法

1 蘑菇洗净，切块；干辣椒洗净，切段。

2 锅中倒油烧热，放入豆瓣酱、干辣椒、酱油炒香，加适量水烧开。

3 再放入蘑菇煮熟，加盐调味，起锅装盘，撒上熟白芝麻、葱花即可。

热菜 剁椒木耳　准备5分钟　烹调15分钟

材料　水发木耳300克，剁椒酱25克。

调料　盐、香油、香菜段、生抽、蒜末、葱段各适量。

做法

1 木耳洗净，去蒂，切碎。

2 锅置火上，倒油烧热，下入剁椒酱、蒜末爆香，浇在木耳上，上笼蒸熟。

3 将盐、香油、香菜段、生抽、葱段拌匀，浇在木耳上即可。

热菜 尖椒炒藕片　准备5分钟　烹调5分钟

材料　藕300克，小尖椒50克，南瓜片50克。

调料　葱花5克，盐3克，红辣椒段、水淀粉各10克，香油少许。

做法

1 藕洗净，切片；尖椒去子，切片。

2 油锅烧热，爆香葱花和红辣椒段，放小尖椒翻炒，加藕片和南瓜片炒熟，加盐调味，用水淀粉勾芡，淋香油即可。

热菜 辣椒小炒　准备5分钟　烹调5分钟

材料　青椒350克，肉丝80克，熟花生仁50克。

调料　豆豉20克，酱油、料酒各5克，盐2克。

做法

1 青椒洗净，切丁；将肉丝、青椒丁滑散，盛出。

2 油锅烧热，加豆豉、盐、酱油、料酒炒匀，加花生仁、肉丝、青椒丁快炒熟即可。

热菜 酸菜蚕豆　准备5分钟　烹调15分钟

材料　蚕豆200克，酸菜碎100克，红椒段20克。

调料　盐适量。

做法

1 蚕豆洗净，焯水，捞出。

2 锅内倒油烧热，放入红椒段炒香，加酸菜碎、蚕豆同炒至熟。

3 调入盐炒匀即可。

热菜 肉末酸豆角 准备 5分钟　烹调 10分钟

材料 酸豆角段 250 克，五花肉末 80 克。

调料 泡椒碎、姜末、蒜末各 5 克，料酒、生抽各 10 克，淀粉 15 克。

做法

1 五花肉末加料酒、生抽、淀粉腌渍。

2 油锅烧热，爆香姜末、蒜末，下肉末快炒至变色，加酸豆角段、泡椒碎煸炒熟即可。

热菜 湘味青蒜炒腊肉 准备 2小时　烹调 10分钟

材料 腊肉 350 克，青蒜 100 克。

调料 干红辣椒 8 个。

做法

1 腊肉用清水浸泡，切片；青蒜洗净，切段；干红辣椒洗净，切小段。

2 锅内倒油烧热，放干红辣椒段爆香，放腊肉片煸出油，加入青蒜段炒熟即可。

热菜 鱼香土豆肉丝 准备 5分钟　烹调 8分钟

材料 土豆丝 300 克，肉丝、水发木耳丝各 60 克。

调料 盐 2 克，鸡精 1 克，白糖 5 克，豆瓣酱 15 克，醋、酱油各 10 克，葱末少许。

做法

1 油锅烧热，放肉丝炒变色，放土豆丝、木耳丝炒匀，倒豆瓣酱、酱油、葱末炒熟。

2 加盐、鸡精、白糖、醋炒匀即可。

凉菜 麻辣腰片 准备 5分钟　烹调 3分钟

材料 猪腰片 250 克，黄瓜丝、红椒丝各 20 克。

调料 盐 3 克，葱末、姜末各 5 克，醋 10 克，花椒粉 2 克，香油适量。

做法

1 猪腰片焯烫，和黄瓜丝、红椒丝拌匀。

2 将葱末、姜末、花椒粉、盐、醋、香油拌匀，淋在腰片上即可。

凉菜 麻辣牛肉丝

准备 25分钟　烹调 5分钟

材料　牛肉 500 克。

调料　盐、花椒粉、辣椒粉各 3 克，料酒、葱末、姜末各 10 克，香油适量。

做法

1 牛肉洗净，切成粗丝，加盐、料酒、葱末、姜末腌渍 20 分钟，放入油锅中炸熟。

2 锅留底油烧热，放入辣椒粉、花椒粉炒香，加盐翻匀，滴上香油制成味汁。

3 将味汁淋在凉凉的牛肉丝上，拌匀即可。

烹饪提示

牛肉洗净，放入冷冻室，冻至八成硬度后取出，逆着纹路切成丝，这样易切，口感也好。

凉菜 夫妻肺片

准备 5分钟　烹调 5分钟

材料　熟牛肚、酱牛肉各 100 克，熟牛头皮肉 50 克。

调料　盐、酱油、白糖、葱末各 5 克，花椒粉 2 克，辣椒油、香油各适量。

做法

1 熟牛头皮肉、酱牛肉、牛肚均切成薄片。

2 将辣椒油、花椒粉、香油、酱油、白糖、盐、葱末调成味汁，与熟牛肚片、酱牛肉片、熟牛头皮肉片拌匀即可。

烹饪提示

在味汁中调点卤水，吃起来更地道。

热菜 小炒杭椒牛肉

准备 25分钟　烹调 10分钟

材料　牛里脊肉 300 克，杭椒 100 克，红尖椒 50 克。

调料　蒜末、淀粉各 10 克，生抽 15 克，盐、胡椒粉各 1 克，蚝油少许。

做法

1 牛肉洗净，切片，用淀粉、生抽、蚝油拌匀，腌渍；杭椒、红尖椒分别洗净，去蒂，切丝。

2 锅内倒油烧热，下肉丝炒至变色，捞出沥油。

3 油锅烧热，爆香蒜末，放杭椒丝、红尖椒丝炒匀，下牛肉片翻炒，放盐、胡椒粉拌匀即可。

营养功效

用刀背在肉块上敲几下，牛肉会更滑嫩。

热菜 泡椒羊杂

准备 25分钟　烹调 5分钟

材料 羊肠、羊心、羊舌、羊肺150克，泡红辣椒50克。

调料 泡姜、白糖各5克，豆瓣酱、红辣椒末各10克，盐少许，水淀粉适量。

做法

1 羊肠、羊心、羊舌、羊肺分别洗净，煮熟，切条。

2 锅置火上，倒油烧热，放入泡姜、泡红辣椒炒香，再放入切好的羊肠、羊心、羊舌、羊肺，加入豆瓣酱、红辣椒末、盐、白糖调味，再用水淀粉勾芡起锅即可。

热菜 辣子鸡

准备 5分钟　烹调 15分钟

材料 整鸡半只，干辣椒段、青椒各50克，熟白芝麻少许。

调料 葱段20克，姜片、蒜片各5克，花椒、料酒各10克，盐、白糖各3克。

做法

1 鸡洗净，切块，加盐、料酒腌渍；青椒洗净，去蒂及子，切片。

2 锅内倒油烧热，下鸡块炸至外表皮变深黄色，捞出沥油。

3 油锅烧热，爆香姜片、蒜片，炒香干辣椒、花椒，放鸡块翻炒，撒白糖、葱段、白芝麻即可。

烹饪提示

干辣椒段的辣椒子不要去掉，一起放入锅中炸，口感会更加香辣。

热菜 碎米鸡丁

准备 15分钟　烹调 10分钟

材料 鸡胸肉丁300克，花生仁70克，红辣椒丁30克，鸡蛋1个。

调料 姜末、蒜末、葱花各5克，酱油、辣豆瓣酱各10克，淀粉、米酒各适量。

做法

1 鸡蛋磕开，搅散；鸡胸肉丁加鸡蛋液、酱油、淀粉腌渍，略炒，捞出。

2 油锅烧热，爆香姜末、蒜末，加鸡丁略炒，再加红辣椒丁炒匀，加辣豆瓣酱、酱油、米酒炒匀，放花生仁，撒葱花即可。

烹饪提示

葱花、花生仁要起锅再放，这样口感才脆嫩。

热菜 火爆鸡杂

准备 30 分钟　　烹调 6 分钟

材料 鸡杂（心、肝、肺、肠）200 克，芹菜段 70 克。

调料 豆瓣酱、泡椒丝、料酒各 15 克，盐、姜丝、蒜片各 5 克，酱油 10 克。

做法

1 将鸡杂洗净，冲洗；肠划破，抹盐干搓，再冲洗，反复 3 次；心、肝、肺洗净，切条。

2 鸡杂放料酒、豆瓣酱、酱油、盐、泡椒丝、蒜片、姜丝拌匀，腌 20 分钟。

3 油锅烧热，下鸡杂翻炒 3~5 分钟，下芹菜段炒 1 分钟即可。

— 烹饪提示 —
鸡杂要切细碎一些，更易入味。

热菜 青椒爆鸭舌

准备 30 分钟　　烹调 5 分钟

材料 鸭舌尖 350 克，小青椒 100 克。

调料 盐、白糖各 5 克，水淀粉、料酒、甜面酱各 10 克，卤水、香油各适量。

做法

1 鸭舌洗净，放入卤水中烧开卤入味，焯水捞出；小青椒洗净，去蒂。

2 锅置火上，倒油烧热，放入青椒炒熟，下鸭舌爆炒。

3 放入甜面酱、盐、料酒、白糖调味，用水淀粉勾芡，淋上香油即可。

— 烹饪提示 —
卤制鸭舌时要用中火，炒的时候要用大火，且动作要迅速，使鸭舌受热均匀。

热菜 毛血旺

准备 5 分钟　　烹调 15 分钟

材料 鸭血块 500 克，黄豆芽、火腿肠片各 150 克，毛肚片 50 克，红椒片 20 克。

调料 葱段 50 克，火锅底料 20 克，干辣椒段、料酒各 10 克，花椒、盐各 5 克。

做法

1 黄豆芽洗净；鸭血块洗净，切成条，焯水捞出。

2 锅内加清水，放火锅底料、料酒熬出味，放鸭血条、黄豆芽、红椒片、火腿肠片、毛肚片和葱段，加盐调味。

3 另起锅倒油烧至六成热，放入辣椒段、花椒炸香，淋在菜上即可。

— 营养功效 —
鸭血富含铁，且易被吸收，可防治缺铁性贫血。

热菜 香辣带鱼

准备 20分钟　烹调 10分钟

材料　带鱼400克。

调料　辣椒段、醋、料酒各10克，葱末、姜末、盐、白糖各5克，胡椒粉、花椒粉、淀粉各3克。

做法

1 带鱼洗净，切段，加葱末、姜末、料酒、胡椒粉腌渍，炸黄，起锅。

2 将盐、白糖、胡椒粉、醋、料酒、花椒粉、淀粉、水，对成芡汁。

3 锅留底油烧热，爆香葱末、辣椒段，倒入带鱼段，烹入芡汁烧熟即可。

烹饪提示
清洗带鱼时水温不可过高，也不要对鱼体过度刮拭，以防银脂流失，损失营养。

热菜 剁椒鱼头

准备 15分钟　烹调 20分钟

材料　胖头鱼鱼头1个（约750克），红剁椒40克。

调料　姜末、蒜末、料酒各10克，白糖8克，胡椒粉、盐各5克。

做法

1 胖头鱼鱼头洗净，去鳞、鳃，从鱼唇中间剁开，加入姜末、料酒、盐腌渍片刻。

2 油锅烧热，炒香红剁椒、蒜末，烹料酒、白糖、胡椒粉炒匀盛出。

3 将红剁椒铺满鱼头的两侧，放入蒸锅，大火蒸10~15分钟即可。

烹饪提示
剁椒炒一下才能释放香味。如果喜欢的话，也可以选择青剁椒来搭配。

热菜 跳水鱼片

准备 35分钟　烹调 10分钟

材料　鱼片500克，莴笋段200克，鸡蛋清1个。

调料　葱末、姜末、蒜末、花椒5克，料酒、干辣椒段15克，水淀粉各20克，盐、辣椒粉各5克。

做法

1 鱼片用葱末、姜末、蒜末、盐、料酒、水淀粉、蛋清腌渍，炒变色，捞出，控油；莴笋段用盐腌渍，挤去水分。

2 油锅烧热，炒香干辣椒、花椒，倒水烧开，下盐、莴笋段煮开，倒鱼片，撒辣椒粉，盛出，浇上热油即可。

烹饪提示
莴笋用盐腌一下，口感会更脆嫩。

热菜 风味烤全鱼

准备 30分钟　烹调 35分钟

材料 草鱼1条（约800克），干辣椒60克，花生仁50克，白芝麻10克。

调料 盐、五香粉、白糖、花椒粉各5克，料酒10克。

做法

1 将草鱼宰杀干净，在鱼身两侧划刀，用料酒、盐、五香粉腌渍入味。

2 将腌过的鱼放入烤箱，用240℃的高温烤约15分钟，待烤至鱼表面干香、内部香嫩时取出。

3 锅内倒油烧热，放干辣椒、花生仁、白芝麻、白糖、花椒粉、料酒，用小火烧香。

4 将炒好的调料浇在鱼两面，用锡箔纸包好，放烤箱内，再烤2分钟即可。

热菜 水煮鲶鱼

准备 30分钟　烹调 15分钟

材料 鲶鱼1条。

调料 香葱段15克，干红辣椒段25克，郫县豆瓣酱、花椒、姜片、酱油、料酒各10克，蒜片、白糖、花椒粉、淀粉、盐各5克。

做法

1 鲶鱼治净，切块，加盐、淀粉腌渍，炸黄。

2 锅内倒油烧热，爆香花椒、干红辣椒段（15克），放豆瓣酱炒香，加酱油、料酒、白糖、姜片、蒜片煸炒，加清水和鱼头、鱼骨煮沸，转中小火，放入鱼块煮8分钟，加入香葱段、盐。

3 最后撒上花椒粉，用热油炸制剩余辣椒，一起淋在鱼上即可。

热菜 酸汤浇鱼片

准备 15分钟　烹调 15分钟

材料 鱼肉300克，鸡蛋清1个。

调料 盐5克，白醋15克，料酒、酱油各10克，淀粉、胡椒粉、干红椒、葱花各适量。

做法

1 干红椒洗净，切段；鱼肉洗净，切片，加盐、鸡蛋清、淀粉、胡椒粉腌渍。

2 锅内倒油烧热，放入鱼片滑熟后，盛入盘中。

3 锅留底油烧热，放入干红椒炒香，调入白醋、料酒、酱油，倒入适量清水烧开，起锅淋在鱼片上，撒上葱花即可。

> **烹饪提示**
> 鱼肉滑熟时，要用中火，以免炸焦。

热菜 川香辣酱烧黄辣丁

准备 20分钟　烹调 15分钟

材料　净黄辣丁5条，香辣酱1袋。

调料　泡椒15克，葱段、姜末、蒜瓣、香菜段各10克，花椒5克，盐、料酒、白糖各适量。

做法

1 黄辣丁用料酒和盐腌渍一下；泡椒剁细碎。

2 锅内倒油烧热，放蒜瓣炸至表面焦黄，放葱段、泡椒末、姜末、花椒略炒，放香辣酱，转小火慢慢炒香。

3 锅内加水没过鱼，开大火至汤滚开沸腾后，推入黄辣丁，加白糖煮2~3分钟，撒上香菜段出锅即可。

热菜 麻辣鳝丝

准备 30分钟　烹调 15分钟

材料　鳝鱼300克，熟白芝麻5克。

调料　盐、葱末、姜末、红辣椒各5克，葱段、酱油、料酒、辣椒油各10克，花椒粉3克，香油适量。

做法

1 活鳝鱼宰杀，去血污，切成段，洗净，用刀切成细丝，加盐、酱油、姜末、葱末、料酒腌渍入味。

2 锅置火上，倒油烧至七成热，放入鳝鱼丝炸至棕红色，捞出。

3 锅置火上，爆香姜末、葱段、红辣椒，加盐、辣椒油、花椒粉拌匀，将鳝鱼丝入锅翻炒熟，撒入熟白芝麻，滴上香油，装盘即可。

热菜 香辣肉蟹

准备 30分钟　烹调 15分钟

材料　肉蟹500克。

调料　盐、花椒各4克，葱段、白糖、姜片、白酒、料酒、干红辣椒各10克，醋15克。

做法

1 将肉蟹洗净，放入器皿中，加适量白酒，待蟹醉后去鳃，切成块。

2 锅置火上，倒油烧热，放入花椒、干红辣椒炒出麻辣香味，加入姜片、葱段、蟹块翻炒。

3 倒入料酒、醋、白糖、盐翻炒入味，盛出即可。

> **烹饪提示**
>
> 用盐水将螃蟹泡半小时，以便吐出螃蟹体内的脏物，而且烹制的蟹肉更嫩，味道更鲜。

PART
11

拿手宴客菜
幸福小团圆的必备菜肴

热菜 冬瓜排

材料 冬瓜 300 克，火腿片 100 克，鸡蛋 1 个，面粉 50 克。

调料 盐5克，淀粉15克。

做法

1 鸡蛋洗净，打散，加面粉搅打成糊；冬瓜洗净，去皮、瓤，切夹刀片，加盐腌渍，夹火腿片，裹上淀粉，再挂鸡蛋糊，制成冬瓜排生坯。

2 油锅烧热，放冬瓜排炸至金黄色，捞出，待油温升至七八成热时，放冬瓜排复炸即可。

烹饪提示

炸时要保持好油温，第一次是四五成热，第二次是七八成热，这样炸出来的冬瓜排才美味。

热菜 翡翠镶白玉

材料 咸鸭蛋 2 个，苦瓜 400 克。

调料 高汤 100 克，葱丝、姜丝、辣椒丝、香菜碎各 6 克，盐 3 克，胡椒粉少许。

做法

1 苦瓜洗净，切圈，去瓤，焯烫，捞起。

2 咸鸭蛋去壳，切片，镶入苦瓜中，小火煎至蛋香四溢。

3 锅中倒入高汤煮至汤汁收干，盛盘，撒上盐、葱丝、姜丝、辣椒丝、香菜碎，再淋上热油，均匀地撒上胡椒粉即可。

烹饪提示

如果觉得苦瓜太苦，焯烫时滴入少许白醋，可以使苦味减轻。

热菜 南瓜木耳白菜卷

材料 大白菜叶 200 克，南瓜丝、肉丝、水发木耳各 80 克。

调料 蚝油、老抽、白糖各 15 克，盐 4 克，水淀粉 25 克。

做法

1 木耳洗净，撕小朵；白菜叶焯至八成熟，过凉。

2 将南瓜丝、肉丝、木耳炒熟，加盐和白糖，盛出；净锅冲入开水，加蚝油、老抽和白糖，用水淀粉勾芡，制成味汁。

3 取白菜叶，在其上放炒过的南瓜丝、肉丝、木耳，卷成卷，切段，蒸3分钟，取出，淋味汁即可。

烹饪提示

白菜焯到七八成熟即可，后面还要入锅蒸制。

热菜 什锦全家福

准备 10分钟　烹调 5分钟

材料 金针菇200克，菠菜段100克，胡萝卜丁、冬笋片、豆腐皮条各80克，咸菜条100克，香菇3朵。

调料 盐4克，香油少许。

做法

1 香菇泡发，去蒂，切丝；金针菇去蒂，焯烫。

2 锅内倒油烧热，放金针菇、菠菜段、胡萝卜丁、冬笋片、豆腐皮条、咸菜条、香菇丝翻炒均匀，加盐调味，放入适量清水焖煮约3分钟，滴上香油拌匀即可。

─── 烹饪提示 ───
要想金针菇好吃不塞牙，就需要掌握好焯烫时间——30秒，这样绝对爽脆可口。

热菜 啤酒熏肉卷

准备 10分钟　烹调 15分钟

材料 熏肉片150克，啤酒400克，猪肉馅100克，荸荠80克，鸡蛋清1个。

调料 香菜末20克，黑胡椒3克，盐4克。

做法

1 荸荠去皮，洗净，剁蓉。

2 将荸荠蓉、香菜末、鸡蛋清、盐搅匀，制成馅料，放在熏肉片上，卷成卷，用牙签封好口，制成熏肉卷。

3 锅置火上，倒入油烧至七成热，放入熏肉卷煎至里面的馅料熟透，淋入啤酒，加少许黑胡椒，大火烧至锅中留有少量汤汁，将熏肉卷夹入盘中，淋上锅中的汤汁即可。

热菜 东坡肘子

准备 15分钟　烹调 3小时

材料 猪肘1个。

调料 豆瓣酱100克，姜块30克，姜末、蒜末、葱段各10克，醋、老抽、生抽、白糖各15克，葱花、盐各5克。

做法

1 猪肘洗净，焯去血沫。

2 将竹篦子放在汤锅底，放猪肘、葱段、姜块，加盐、水、少许醋炖到七成熟，放老抽炖熟。

3 油烧热，炒香豆瓣酱、姜末、蒜末，加白糖、醋、盐、生抽对成汁，浇在猪肘上，撒葱花即可。

─── 烹饪提示 ───
1. 蒸锅如不大，可将肘子分开，方便焯水和蒸煮。
2. 锅底放篦子或倒扣的碗，能防止猪肘粘锅。

热菜 四喜丸子

准备 10 分钟　烹调 20 分钟

材料　猪肉馅 400 克，荸荠丁、鲜笋丁各 50 克，生菜 20 克。

调料　葱末、姜末、姜片、老抽、料酒各 10 克，葱白段 30 克，盐、花椒油各 5 克，水淀粉 15 克。

做法

1 猪肉馅剁碎；荸荠丁、鲜笋丁焯烫；肉馅、荸荠丁、笋丁、葱末、姜末和 5 克老抽、盐、料酒混匀，团成丸子，炸熟；生菜洗净，垫盘底。

2 砂锅里放葱白段垫底，再放丸子，加清水、5 克老抽、姜片烧沸，拣去葱姜，捞出丸子。

3 将炖丸子的汤汁烧沸，用水淀粉勾芡，淋花椒油，浇在丸子上即可。

热菜 糖醋松鼠鱼

准备 20 分钟　烹调 15 分钟

材料　鲈鱼 1 条，青椒片、胡萝卜片各 30 克。

调料　蒜片、姜片各 10 克，胡椒粉、盐各 5 克，料酒、淀粉、葱段、白醋、番茄酱、水淀粉各 20 克。

做法

1 将葱段、姜片、料酒、胡椒粉、3 克盐、清水搅成葱姜水；白醋、番茄酱、2 克盐、清水搅成调味汁。

2 鲈鱼治净，加葱姜水腌入味，裹匀淀粉，放入 180℃的油锅中炸 4 分钟至变黄，捞出，沥油。

3 油锅烧热，爆香蒜片，加调味汁煮至沸腾，放青椒片、胡萝卜片煮熟，用水淀粉勾浓芡，淋在鱼身上即可。

热菜 油焖大虾

准备 8 分钟　烹调 10 分钟

材料　鲜海虾 400 克。

调料　姜片 5 克，葱花、大料、料酒各 10 克，盐 2 克，白糖 15 克，高汤少许。

做法

1 鲜虾洗净，剪去虾须，挑出虾线备用。

2 锅置火上，倒油烧热，将大料、葱花、姜片炒出香味，放入鲜虾煸炒出虾油，加白糖翻炒均匀，烹入料酒、高汤烧开，盖上锅盖用小火焖至大虾熟透后，大火收汁，加盐调味即可。

> **烹饪提示**
> 为了不影响美观，可以从虾腹剪一条口，用牙签挑出虾线。

热菜 白玉蒸龙虾

准备 5分钟　烹调 15分钟

材料 南豆腐1盒（约250克），龙虾1只（约800克）。

调料 白糖20克，葱段、姜丝、生抽各10克，酱油15克，葱花、绍酒各适量。

做法

1 龙虾去壳，将虾肉切成块状，用清水洗净；豆腐洗净，切成块。

2 取一大盘将豆腐块铺底，将龙虾肉放上面，再撒上姜丝、葱段，倒绍酒一起放入锅中蒸10分钟备用。

3 锅置火上，倒油烧热，将酱油、生抽、白糖一起放入，加热调成酱汁，淋在蒸好的龙虾上，撒上葱花即可。

汤 人参炖全鸡

准备 10分钟　烹调 50分钟

材料 乌骨鸡1只，人参须1小束，红枣10颗。

调料 姜片、盐、料酒各5克，柴鱼精适量。

做法

1 人参须洗净；红枣泡水。

2 乌骨鸡治净，焯去血水，捞出，放大碗中，加人参须、红枣、姜片。

3 锅中放清水煮开，放入料酒、柴鱼精拌匀，倒入大碗中。

4 大碗加保鲜膜，放蒸笼中大火蒸40分钟即可。

> **烹饪提示**
>
> 1.清水和调料一定要煮至沸腾后再倒入大碗中，否则不易蒸至熟透。
> 2.也可使用电饭锅蒸煮，电饭锅中需要加入适量清水。

汤 酸菜鸭汤

准备 30分钟　烹调 50分钟

材料 净鸭1/2只，酸菜200克。

调料 盐5克，葱段、姜片各30克，高汤、料酒、胡椒粉各适量。

做法

1 酸菜取2/3切片，1/3切丝，浸泡去咸味。

2 净鸭放入加葱段、姜片的水中煮沸，焖15分钟，取出，切片，放汤碗中，加酸菜片、料酒和姜片蒸30分钟。

3 高汤煮沸，加盐、胡椒粉、酸菜丝拌匀，倒入盛鸭子的汤碗中即可。

汤 奶油蘑菇汤

准备 5分钟　烹调 10分钟

材料 培根 50 克，鲜平菇 80 克，牛奶 150 克，鲜奶油 20 克。

调料 面粉 25 克，黄油 20 克。

做法

1 培根煎一下，切碎；鲜平菇洗净，切丁。

2 锅烧热，加黄油、少许面粉煸炒，加鲜平菇丁、培根碎、牛奶、鲜奶油、清水调至稀稠度适当，大火煮熟即可。

汤 鸡蓉玉米羹

准备 15分钟　烹调 10分钟

材料 鸡胸肉块 150 克，熟玉米粒 50 克，鸡蛋 2 个（分开蛋清和蛋黄）。

调料 盐 5 克，白糖、水淀粉各 10 克，胡椒粉少许。

做法

1 鸡胸肉洗净，剁成蓉，加鸡蛋黄、胡椒粉、盐打成鸡蓉；玉米粒洗净，加少量水，打成汁。

2 锅内加水烧开，放鸡蓉和玉米汁煮开，加盐、白糖，用水淀粉勾芡，倒蛋清煮开即可。

烹饪提示

将鸡蛋磕入碗中，用勺子将蛋黄舀出来，就能分开蛋清和蛋黄了。

主食 莲蓉寿桃包

准备 2小时　烹调 50分钟

材料 面粉 500 克，莲蓉馅 100 克，面粉改良剂、泡打粉各 5 克，干酵母 6 克。

调料 菠菜汁、番茄汁、白糖各适量。

做法

1 将面粉、泡打粉拌匀，加白糖、面粉改良剂、干酵母、水和匀，揉成面团，醒发，揉匀，搓条，下剂子，擀成皮，包入莲蓉馅，收好口，捏成桃子的形状，再用面团捏成绿叶的形状，刷匀菠菜汁。

2 将绿叶和桃子面团拼摆在一起即为寿桃生坯。

3 将寿桃生坯放入蒸笼，静置 20 分钟，上火蒸 8 ~ 10 分钟至熟，取出后刷适量番茄汁即可。

主食 奶黄包

准备 2 小时　烹调 50 分钟

材料 面粉 500 克，泡打粉、吉士粉、酵母粉各 5 克，咸蛋黄碎 80 克，黄油 40 克，奶粉、糖粉、玉米粉、澄粉各适量。

调料 白糖少许。

做法

1 面粉、泡打粉拌匀，放入酵母粉、白糖、水和匀，揉成面团，醒发；

咸蛋黄碎与黄油、糖粉、玉米粉、澄粉、奶粉、吉士粉拌成馅料。

2 将醒好的面团搓长条，下剂，擀成圆皮，包入馅料，收口捏紧，光面向上，即为奶黄包生坯。

3 将生坯放入蒸笼里静置 15 分钟，上火蒸约 8 分钟即可。

主食 南乳黄金饼

准备 15 分钟　烹调 50 分钟

材料 高筋面粉 400 克，低筋面粉 200 克，酵母粉、苏打粉各 6 克，猪肉西芹香菇馅 300 克，熟白芝麻适量。

调料 白糖 30 克，南乳汁 40 克。

做法

1 高筋面粉、低筋面粉加酵母粉、苏打粉、白

糖、南乳汁和水揉成面团，醒发 10 分钟，用手搓成长条，切成小面团，滚成圆球状，擀成圆片。

2 包入馅料，表面抹水，粘白芝麻，拍成饼状，放蒸笼中静置 20 分钟，中火蒸 12~18 分钟，取出，炸黄即可。

主食 番茄奶酪炸春卷

准备 10 分钟　烹调 25 分钟

材料 春卷皮 20 张，风干番茄 30 克，帕玛森奶酪丝 20 克，胡萝卜丝、净绿豆芽各 40 克，猪肉丝 50 克，番茄丁 30 克。

调料 香菜末 15 克，洋葱末、盐各 5 克，黑胡椒 4 克。

做法

1 将胡萝卜丝、绿豆芽、猪

肉丝炒熟，盛盘；将炒好的材料取适量铺在春卷皮上，再加上风干番茄、奶酪丝卷起包好。

2 取大碗，加番茄丁、洋葱末、香菜末搅拌匀，再加盐、黑胡椒调味，即成番茄沙拉酱。

3 春卷放入油锅炸至表面金黄，趁热斜切，淋番茄沙拉酱即可。

专题页
剩饭变美食——精打细算巧过日子

主食 酱油炒饭

准备 5分钟　烹调 5分钟

材料 剩米饭 250 克，红椒丁、黄瓜丁、肉丁各 20 克。

调料 香葱末、生抽各 10 克，老抽 5 克，白糖适量。

做法

1 将生抽、老抽、白糖调匀，调成味汁。

2 锅置火上，倒油烧热，倒入肉丁翻炒至熟，放入米饭炒散，加黄瓜丁、红椒丁翻匀。

3 倒入味汁，快速翻炒均匀，撒香葱末炒匀即可。

烹饪提示

炒饭中加点白糖，一方面可提鲜润色，另一方面还可减少菜的咸度，口感更佳。

主食 米饭三明治

准备 15分钟　烹调 25分钟

材料 剩米饭 350 克，牛肉碎 100 克，洋葱末、黄瓜片各 50 克，玉米粒、生菜叶各 30 克。

调料 盐、黑胡椒粉各 5 克，白糖 8 克，酱油、番茄酱各 10 克。

做法

1 番茄酱、清水、白糖、盐搅成味汁；牛肉碎、洋葱末、玉米粒、盐、黑胡椒粉、白糖、酱油混匀，分成若干小饼，放油锅煎熟，倒入味汁，待味汁收干，取出。

2 案板上铺保鲜膜，均铺上剩米饭，用正方形模具在米饭上压一下即为米饭坯，放入烤盘，烤箱预热 180℃，烤 10 分钟，最后一层米饭、一层肉饼、一片黄瓜片、一片生菜，再搭配一层米饭，用竹签固定即可。

烹饪提示

将米饭放入烤箱中烤制，更有利于米饭定型，而且不会改变软糯的口感。

主食 煎红薯饭团

准备 30 分钟　烹调 15 分钟

材料 红薯 100 克，剩米饭 250 克，烤紫菜 1 小片，熟芝麻 20 克。

调料 寿司醋、酱油、绿芥末各 15 克。

做法

1 将红薯去皮上火蒸 15 ~ 20 分钟至熟，待红薯凉凉后切成厚片。

2 烤紫菜用剪刀煎成半厘米宽的细条。

3 米饭用寿司醋拌匀，手上沾少量寿司醋将米饭捏成和红薯片直径差不多的圆饼状。

4 平底锅烧热，放入少量油，煎红薯片。

5 在饭团上放上红薯片，用紫菜条和芝麻装饰，用酱油和绿芥末调汁蘸食即可。

主食 糍粑饭

准备 10 分钟　烹调 10 分钟

材料 剩米饭 250 克，尖椒、白萝卜各 40 克，水发香菇 2 朵，鸡蛋 1 个。

调料 豆豉 20 克，淀粉 5 克，盐 2 克，胡椒粉 1 克。

做法

1 剩米饭打散；香菇洗净，去蒂，切丁；白萝卜洗净，切小丁；尖椒洗净，去蒂及子，切小丁。

2 米饭中打入 1 个鸡蛋，加入淀粉、盐、胡椒粉、尖椒丁、香菇丁、白萝卜丁、豆豉拌匀成饼状。

3 平底锅置火上，倒油烧热，将米饭放入锅中，压平，煎到两面金黄即可。

粥 五仁粥

准备 35 分钟　烹调 30 分钟

材料 吃剩的五仁馅月饼 3 块，大米 50 克。

做法

1 将五仁馅月饼掰开，取馅；大米洗净，浸泡 30 分钟。

2 锅中倒适量清水烧开，放入大米煮沸，转小火熬煮至黏稠。

3 放入五仁月饼馅，大火煮开即可。

烹饪提示

1. 将火腿馅的月饼切成小长条，加葱段、姜丝、盐，下锅略炒，也很美味。

2. 五仁馅月饼切丁，还可以和黄瓜丁、火腿丁、榨菜丁拌匀，加葱花、盐调味，做小菜食用。

主食 肉丝炒饼　　准备 25分钟　烹调 5分钟

材料　烙饼丝500克，猪里脊肉丝100克。
调料　盐3克，老抽、葱段、姜片、蒜末、醋各10克，胡椒粉少许。
做法
1 肉丝加老抽、胡椒粉，腌渍20分钟。
2 油烧热，炒香葱段、姜片，倒肉丝，加饼丝、盐，倒少许开水炒匀，加醋、蒜末即可。

汤 疙瘩饼丝汤　　准备 5分钟　烹调 5分钟

材料　面粉40克，鸡蛋1个，饼丝50克。
调料　盐4克，香油适量。
做法
1 鸡蛋磕开，搅匀成鸡蛋液。
2 锅内加适量清水烧开，将面粉加水搅成稠糊倒锅中，待汤烧开，加饼丝，淋鸡蛋液，加盐，淋香油即可。

粥 油条菜粥　　准备 35分钟　烹调 40分钟

材料　油条段50克，熟海带结15克，小番茄、熟菜花块、熟胡萝卜条各30克，大米100克。
调料　鲜汤适量，盐4克，姜末5克。
做法
1 大米用清水浸泡30分钟，捞出沥水。
2 锅中加入水、大米煮熟，熬烂，放入鲜汤和姜末，大火煮沸，倒入胡萝卜条、小番茄片、熟菜花块、海带结、盐和油条段煮滚即可。

粥 香菇肉末菜粥　　准备 10分钟　烹调 15分钟

材料　剩饭150克，肉末、笋丝各50克，鲜香菇丝30克，菜心末100克。
调料　盐3克，料酒适量。
做法
1 剩饭煮成粥，放肉末待其变色，加料酒。
2 再放香菇丝、笋丝煮至有香味，放盐、菜心末煮熟即可。

PART

12

微波炉家常菜

玩转微波炉如此简单

热菜 微波薯片 准备 10分钟 烹调 6分钟

材料 土豆片 250 克。

调料 黄油、盐各适量，黑胡椒粉 2 克。

做法

1 黄油放入热锅中化开；土豆片加黑胡椒粉、化黄油、盐搅拌均匀。

2 土豆片摊开在微波玻璃盘上，高火加热 3 分钟后取出翻面，再用高火加热 3 分钟即可。

热菜 微波茄汁冬瓜 准备 5分钟 烹调 15分钟

材料 冬瓜片 500 克，番茄片 50 克。

调料 盐、高汤、蚝油各 5 克，姜丝 10 克。

做法

1 将盐、高汤、蚝油加纯净水对成味汁。

2 冬瓜片放在微波器皿中，撒姜丝，在冬瓜片缝隙间摆好番茄片，加味汁，覆盖保鲜膜，扎 4 个小孔，高火 10~12 分钟即可。

热菜 烤红薯 准备 5分钟 烹调 10分钟

材料 红薯 500 克。

做法

1 红薯洗净，用厨房纸巾薄薄裹上一层。

2 将红薯放入微波炉的托盘上，用高火加热 3~4 分钟后翻面，再继续加热 3~4 分钟即可。

热菜 微波麻辣豆腐 准备 5分钟 烹调 5分钟

材料 豆腐 500 克，尖椒丁 100 克。

调料 盐、花椒粉各 2 克，葱末、姜末、蒜末各 20 克，蚝油 5 克，郫县豆瓣 30 克，辣椒粉 4 克。

做法

1 尖椒丁与豆瓣、油拌匀，放微波炉中火加热 1 分钟，取出；豆腐丁放烤盘中。

2 把尖椒丁倒在豆腐上，倒葱末、姜末、蒜末、盐、花椒粉、辣椒粉、蚝油拌匀，放入微波炉中火加热 3 分钟即可。

热菜 蒜蓉烤茄子　准备10分钟　烹调15分钟

材料 茄子300克，肉末100克。

调料 蒜蓉15克，姜蓉、盐各5克，生抽10克，葱花、香油各少许。

做法

1 肉末、蒜蓉、姜蓉、盐、生抽、油拌成馅料。

2 茄子洗净，在中间划一刀，放进微波炉里转2分钟；取出，将馅料抹进茄子，放微波炉烤10分钟，撒葱花、滴香油即可。

热菜 金针白菜包　准备16分钟　烹调6分钟

材料 鸡肉碎100克，猪肥肉碎、金针菇各20克，白菜50克。

调料 葱末、盐、香油各5克，葱叶适量。

做法

1 鸡肉碎和猪肥肉碎加葱末、盐、香油拌成馅；白菜热水泡3分钟，入微波炉高火加热2分钟，取出，放冷水中。

2 取整片白菜，包肉馅，上面插金针菇，用葱叶捆好，放微波炉中高火4分钟即可。

热菜 微波蒸蛋　准备5分钟　烹调2分钟

材料 鸡蛋1个。

调料 盐少许。

做法

1 微波炉专用碗中四周抹匀油。

2 鸡蛋磕入碗中打散，加入30℃的温水（水和鸡蛋液的比例控制在1：1.5）、盐搅匀，盖上微波炉专用盖子（将气孔打开）或保鲜膜，放入微波炉中，高火加热1分钟即可。

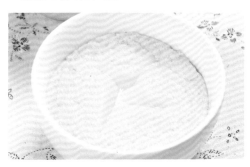

热菜 微波荷包蛋　准备5分钟　烹调3分钟

材料 鸡蛋1个，甜酒50克，枸杞子5克。

调料 姜丝少许，白糖适量。

做法

　　在微波炉专用容器中倒入开水，打入鸡蛋至其凝固，用牙签戳洞，加姜丝，送微波炉用中火加热1分钟，加甜酒、白糖，再送入微波炉加热1分钟后取出，加枸杞子（用温水泡发）即可。

热菜 微波里脊三丁 （准备 15分钟）（烹调 5分钟）

材料 猪里脊肉丁 200 克，胡萝卜丁、土豆丁、黄瓜丁各 80 克。

调料 葱末、姜末、盐各 3 克，胡椒粉 2 克，水淀粉 10 克。

做法

　　猪里脊肉丁加葱末、姜末、盐、胡椒粉、油、水淀粉拌匀，放微波炉高火加热 3 分钟；土豆丁、胡萝卜丁加油，放入微波炉高火加热 3 分钟；黄瓜丁加盐、肉丁、土豆丁、胡萝卜拌匀，高火 1 分钟即可。

热菜 微波青椒酿肉 （准备 15分钟）（烹调 5分钟）

材料 青椒 3 个，猪肉馅 150 克，火腿片 50 克。

调料 淀粉、白糖、葱末、姜末、蒜末各 5 克，生抽 10 克。

做法

1 青椒洗净，去蒂，对剖，去子；猪肉馅加淀粉、白糖、葱末、姜末、蒜末、生抽搅上劲，放到青椒中，再放火腿片。

2 青椒酿肉，放微波炉高火加热 4 分钟即可。

热菜 微波肉末茄子 （准备 15分钟）（烹调 10分钟）

材料 茄子条 250 克，鸡肉末 50 克，红辣椒片、青辣椒片各 20 克。

调料 蒜末、料酒、甜面酱、辣酱各 10 克。

做法

1 鸡肉末加料酒、甜面酱、蒜末腌渍 10 分钟；微波专用容器倒油抹匀，放茄子条，高火加热 2 分钟，两面加热，取出。

2 鸡肉末高火加热 3 分钟，取出，加辣酱和蒜末拌匀，加热 3 分钟，放青椒片和红椒片，搅匀后盖在茄条上即可。

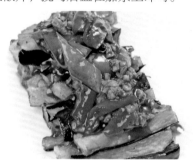

热菜 微波榨菜肉饼 （准备 5分钟）（烹调 5分钟）

材料 肉末 250 克，榨菜 50 克。

调料 红辣椒碎、生抽各适量。

做法

1 将榨菜和红辣椒切碎，加肉末、生抽一起搅拌均匀，加入少许熟油（不必加盐）。

2 取微波炉专用盘，擦干，抹上一层油，将搅好的肉末倒入盘子里，压平，大约 1 厘米的厚度，盖上盖子；将盘子放到微波炉里用中高火加热 4 分钟即可。

热菜 微波蜜汁排骨 准备20分钟 烹调15分钟

材料 猪小排 500 克。

调料 盐适量，酱油 10 克。

做法

1 猪小排洗净，切小段，加盐、酱油腌渍 15 分钟，盖上保鲜膜，用牙签扎几个小洞。

2 将排骨放入微波炉中，中高火加热 8 分钟，取出，逐个翻面，再用中高火加热 5 分钟即可。

热菜 橘香牛肉萝卜丝 准备10分钟 烹调8分钟

材料 牛肉丝 100 克，白萝卜丝 150 克，橘皮丝（浸泡）10 克。

调料 酱油 5 克，淀粉、盐、葱花各适量。

做法

　　牛肉丝加酱油、淀粉、油拌匀，放微波炉高火加热 2 分钟，端出；白萝卜丝、橘皮丝加盐，放微波炉高火加热 2 分钟，加入牛肉丝，再加热 2 分钟，撒葱花即可。

热菜 微波黑椒牛排 准备30分钟 烹调10分钟

材料 牛排 350 克，洋葱丝、柿子椒丝各 50 克。

调料 蒜蓉、白糖各 10 克，生抽 15 克，黑胡椒少许，盐适量。

做法

1 牛排洗净，拍松弛，加生抽腌渍；将白糖、生抽、盐调成味汁；盘内下油，高火 1 分钟预热，放入腌好的牛排，微波高火 1 分钟，翻面，再加热 1 分钟。

2 取碗倒油，微波高火 1 分钟预热，爆香洋葱丝、蒜蓉、柿子椒丝，加黑胡椒、蒜蓉，微波高火 2 分钟，淋在牛排上即可。

热菜 香辣鸡丁 准备3小时 烹调10分钟

材料 鸡腿肉丁 400 克，麻辣花生仁 30 克，尖椒片 50 克。

调料 姜片、蒜片、干辣椒段各 10 克，蜂蜜、酱油各 8 克，盐、黑胡椒各适量。

做法

1 鸡丁加姜片、蒜片、干辣椒段、蜂蜜、酱油、盐、黑胡椒腌渍 3 小时，放微波专用容器中铺匀，加花生仁、尖椒片搅匀。

2 盖上容器盖子，放入微波炉中，高火加热 5 分钟，取出翻面，再次送微波炉，加热 5 分钟即可。

热菜 香辣烤鸡翅

准备 2小时　烹调 10分钟

材料　鸡翅 6 个。

调料　生抽 15 克，酱油、料酒、辣椒粉各 10 克，盐 3 克。

做法

1　鸡翅洗净，加生抽、酱油、料酒、辣椒粉、盐腌渍 2 小时。

2　将鸡翅均匀地摆放在盘中，用保鲜膜将盘子包好，放入微波炉中，用高火加热 4 分钟，再将鸡翅用风火轮架好，调到烧烤铛，烤 3 分钟即可。

热菜 微波蒸鱼

准备 20分钟　烹调 10分钟

材料　鲈鱼 500 克。

调料　料酒 20 克，姜片 15 克，葱花、姜丝、生抽、盐各 5 克。

做法

1　鲈鱼治净，控干，在鱼身的两面各划三刀，抹匀盐和料酒；将姜片夹在划刀处，每处夹一片；再撒上姜丝。

2　将鲈鱼放盘中，裹上保鲜膜，扎几个洞，放到微波炉里，高火加热 6 分钟，取出，撕掉保鲜膜，撒葱花，淋生抽即可。

热菜 微波番茄虾

准备 20分钟　烹调 10分钟

材料　鲜虾 10 只。

调料　番茄酱 30 克，酱油、白糖各 5 克，红酒 10 克。

做法

1　鲜虾治净，加红酒腌渍 15 分钟；碗底抹油，预热 2 分钟，放入虾，盖上保鲜膜，留小口透气，高火加热 2 分钟。

2　取碗，底抹油，预热 1 分钟，取出，放番茄酱、酱油、白糖搅匀，放回微波炉，高火加热 1 分钟，取出，放入虾，盖上保鲜膜，留小口，高火再加热 1 分钟即可。

PART

13

电饼铛家常菜

无油烟的方便美食

热菜 煎里脊肉串
准备 5分钟　烹调 10分钟

材料　里脊肉串 10 串。
调料　花椒盐适量。
做法
1 电饼铛预热，刷上油。
2 将里脊肉串码放进饼铛里。
3 电饼铛底部上下盘加热，盖上盖，加热
　3 分钟，一面煎至金黄，翻另一面煎，
　撒上花椒盐，盛出装盘。

热菜 煎火腿
准备 5分钟　烹调 5分钟

材料　风味火腿 250 克。
调料　黑胡椒粉适量。
做法
1 将火腿切成薄片。
2 电饼铛预热后，底部刷一层植物油，放
　入火腿片，选择"烤鱼 / 烤肉"菜单。
3 翻煎火腿 5 分钟，直到将其煎透，取出，
　食用时，撒黑胡椒粉即可。

热菜 美味烤鸡翅
准备 35分钟　烹调 15分钟

材料　鸡翅膀 500 克。
调料　盐 5 克，葱段、姜片、干辣椒各 10
　　　　克，花椒、大料各适量。
做法
1 鸡翅洗净，在中间划一刀，加盐、葱
　段、姜片、干辣椒、花椒、大料腌渍。
2 将电饼铛预热，加油抹匀，放腌好的鸡
　翅，盖盖烤 5~8 分钟，选择"烤制"菜
　单，打开上盖，将鸡翅翻面，倒入腌鸡翅
　剩下的汤汁，盖上盖子烤 3~5 分钟即可。

热菜 香醋冰糖翅
准备 5分钟　烹调 15分钟

材料　鸡翅 500 克。
调料　醋 20 克，冰糖 15 克，盐、五香粉
　　　　各适量。
做法
1 鸡翅洗净，在中间用刀划开。
2 电饼铛预热，底部抹一层油，将鸡翅放
　入小火煎 5 分钟，选择"烤制"菜单。
3 加醋煎制片刻，再加冰糖、适量开水、
　盐和五香粉，煎至汤汁发稠即可。

热菜 烤鸭腿

准备 24 小时　烹调 15 分钟

材料　鸭腿 500 克。

调料　巴西烤肉料 30 克（用冷水调匀）。

做法

1 鸭腿洗净，用叉子扎几个孔，拌匀烤肉料，放入保鲜袋，冷藏 24 小时，腌入味。

2 电饼铛预热，底部抹层油，放入腌渍好的鸭腿，上下火烤制 4 分钟，翻一面，单用下火，利用鸭油慢慢煎 6 分钟即可。

主食 三鲜锅贴

准备 30 分钟　烹调 10 分钟

材料　猪肉泥 250 克，香菇末 100 克，榨菜碎 50 克，鸡蛋 1 个，饺子皮适量。

调料　葱末 30 克，淀粉、姜末、蒜末各 15 克，盐各 6 克。

做法

　　猪肉泥加香菇末、榨菜碎、葱末、姜末、蒜末，打入鸡蛋，加淀粉、盐拌成馅；取馅包入饺子皮中，制成生坯，放入加了油的电饼铛中，倒入适量清水，煎 8 分钟即可。

热菜 蒜泥香菇

准备 5 分钟　烹调 10 分钟

材料　鲜香菇 500 克。

调料　盐 5 克，料酒、蒜末各 10 克。

做法

1 鲜香菇洗净，去蒂，用刀在菇面上划十字；蒜末加油、盐、料酒搅匀成蒜泥料。

2 电饼铛预热，在底部刷一层油，放入香菇，将蒜泥料刷在香菇上，合上烤盘，烤 6 分钟，打开烤盘，取出即可。

主食 芹菜饼

准备 5 分钟　烹调 15 分钟

材料　芹菜叶碎 80 克，面粉 350 克，鸡蛋 1 个，火腿 50 克。

调料　盐、芝麻盐、胡椒粉各适量。

做法

1 火腿切片；芹菜叶碎中加入面粉，磕入鸡蛋搅匀，加盐、芝麻盐、胡椒粉拌匀。

2 电饼铛中抹层油，放入几片火腿，浇上一层面糊，在面糊上再放几片火腿，盖上盖子，煎制 10 分钟，出锅，切块即可。

主食 家常肉饼　准备 1小时　烹调 10分钟

材料　肉馅、面粉各 200 克，鸡蛋 1 个，黄瓜粒、木耳末各 20 克。

调料　盐 5 克，胡椒粉 1 克。

做法

1 肉馅中加入鸡蛋、黄瓜粒、木耳末、盐、胡椒粉拌匀。

2 面粉加水和成面团，醒发，揪成剂子，按扁，擀薄片，放上肉馅，包好，按压成饼坯，放入电饼铛中小火煎黄即可。

主食 南瓜饼　准备 20分钟　烹调 15分钟

材料　南瓜泥 200 克，糯米粉 300 克，红豆沙 250 克，白芝麻适量。

调料　黄油、白糖各 30 克。

做法

1 热的南瓜泥加黄油和白糖，加糯米粉，搅成面团，分成小剂子，按压成小面饼，包入红豆沙，并按压成小饼，粘上芝麻。

2 将南瓜饼放入抹了油的电饼铛中，用小火煎至两面金黄即可。

主食 玉米饼　准备 30分钟　烹调 10分钟

材料　玉米面 160 克，面粉 60 克，泡打粉 2 克。

做法

1 将玉米面、面粉、泡打粉搅匀，加水和成面团，醒发，揉匀，搓成长条，分割成若干等份；取面剂子，搓圆，再按扁。

2 电饼铛中放少许植物油烧热，放入玉米饼，烙至两面金黄即可。

主食 山药饼　准备 5分钟　烹调 10分钟

材料　山药泥 500 克，面粉 150 克。

调料　盐适量。

做法

1 山药泥加面粉、盐搅匀。

2 电饼铛预热后倒油，倒山药泥，盖好电饼铛盖子，按"煎饼"菜单，煎至两面熟透，切小块即可。

主食 五彩豆腐饼　10 ^{准备}小时　8 ^{烹调}分钟

材料　豆腐泥 300 克，土豆泥、香菇丁、胡萝卜丝各 50 克，油菜碎 20 克，鸡蛋 1 个。

调料　葱花 10 克，盐、黑胡椒粉各适量。

做法

　　豆腐泥、油菜碎、胡萝卜丝、香菇丁、土豆泥混匀，磕鸡蛋，加葱花、盐、黑胡椒粉拌匀，整形，放电饼铛煎黄即可。

主食 香葱鸡蛋饼　10 ^{准备}分钟　5 ^{烹调}分钟

材料　面粉 350 克，鸡蛋 2 个。

调料　葱花少许，盐适量。

做法

1 鸡蛋磕开，搅成蛋液；面粉、鸡蛋液和葱花、少许水、盐调成糊。

2 电饼铛底部刷层油，放面糊，用锅铲摊开，稍煎，少许油沿着锅边淋一圈，翻面煎熟透即可。

主食 煎饼卷大葱　70 ^{准备}分钟　10 ^{烹调}分钟

材料　细玉米面 150 克，面粉 50 克，鸡蛋 2 个，山东大葱丝 20 克。

调料　黄酱 70 克，芝麻酱 30 克，葱花 5 克，盐 3 克。

做法

1 细玉米面和面粉混合，加盐、清水搅成面浆；黄酱和芝麻酱、油拌成酱料；鸡蛋磕开，放葱花和盐打匀，摊成蛋饼。

2 电饼铛烧热用油擦匀，倒面浆，用刮板刮匀，两面稍煎，取出；在煎饼皮上抹酱料，放葱丝、蛋饼，卷起来即可。

主食 水煎包　30 ^{准备}分钟　25 ^{烹调}分钟

材料　发酵面团 500 克，猪肉馅 200 克。

调料　盐、白糖各 5 克，酱油、料酒各 15 克，姜末、葱花各 10 克。

做法

1 猪肉馅中调入盐、酱油、白糖、姜末、葱花、料酒拌匀成馅；发酵面团搓成长条，制成剂子，包馅料制成包子生坯。

2 将包子生坯放入电饼铛中，加少许油，稍煎后加入清水，煎 15 ～ 20 分钟即可。

主食 鸡蛋灌饼

准备 40 分钟　烹调 10 分钟

材料 面粉 150 克,鸡蛋 1 个。

调料 生抽 6 克,料酒 10 克,葱末 5 克,盐 3 克。

做法

1 将 100 克面粉加盐和水揉成团,醒发;将 50 克面粉加油和成油酥,待稍微成形;鸡蛋打散,加生抽、料酒、葱末搅拌。

2 将面团分别按扁,包入油酥,包好,收口,收口朝下,用擀面棍擀圆。

3 电饼铛打开电源,只开下火,将饼放入 10 秒钟翻面,见饼鼓起,用筷子挑起一个角,倒入鸡蛋液,再翻面,两面烙成金黄色即可。

主食 菊花蛋糕

准备 15 分钟　烹调 10 分钟

材料 鸡蛋 2 个,面粉 80 克,玉米淀粉 20 克,蜜橘汁 50 克,奶油 10 克。

调料 白糖 40 克,桂花酒 5 克。

做法

1 白糖和鸡蛋打发到起大泡;将奶油、桂花酒、面粉、玉米淀粉、蜜橘汁、蛋液搅匀。

2 电饼铛打开,放入已刷油的菊花模具,放入蛋糕糊,电饼铛分两次加热,每次 3 分钟,熟时约 6 分钟即可。

主食 香蕉桃仁奶糕

准备 10 分钟　烹调 10 分钟

材料 面粉 250 克,香蕉片 50 克,鸡蛋 3 个,泡打粉 5 克,核桃仁碎少许。

调料 白糖 50 克。

做法

1 鸡蛋磕开,倒入碗中,打成泡沫状,倒入盆中。

2 盆中加植物油、白糖、面粉、泡打粉、核桃仁碎、香蕉片搅拌成糊状。

3 电饼铛预热,放少量油,将面糊摊成圆饼,厚度 1 厘米,煎 6~8 分钟,改刀装盘即可。

PART

14

烤箱家常菜

转一下开关就做好菜的新吃法

热菜 香菇烤肉

准备 25分钟　烹调 25分钟

材料 鲜香菇 100 克，猪瘦肉 200 克，鲜虾 80 克。

调料 姜末 20 克，盐 5 克，料酒 15 克，蘑菇精、黑胡椒碎各适量。

做法

1 香菇去蒂，洗净，在表面切几刀，把蒂剁碎。

2 鲜虾去外壳、虾线，和香菇蒂碎、猪瘦肉一起剁成蓉，加蘑菇精、盐、料酒、姜末调味制成馅。

3 将肉馅装入香菇的伞中，压平固定。

4 烤箱 200℃预热，将填好肉的香菇面朝上放在铺好锡纸的烤盘上，烤 20 分钟，出炉，上面撒黑胡椒碎即可。

热菜 蜜汁五花肉

准备 24小时　烹调 35分钟

材料 五花肉 500 克，红尖椒 2 个。

调料 胡椒粉 5 克，白糖、老抽、蜂蜜各 10 克，蚝油、姜片各适量。

做法

1 五花肉洗净，晾干，切成片，加胡椒粉、白糖、蚝油、姜片混合均匀，入冰箱冷藏过夜。

2 将蜂蜜和老抽混合为调味汁。

3 烤箱 175℃预热，放入铺好锡纸的烤盘，放入五花肉刷调味汁，烤 20 分钟后，翻面，刷调味汁，继续烤 10 分钟即可。

热菜 韩式辣烤里脊

准备 2小时　烹调 15分钟

材料 猪里脊肉片 300 克，梨汁 40 克，熟白芝麻少许。

调料 葱末、蒜泥各 10 克，姜末 5 克，韩式辣椒酱、生抽各 30 克，白糖 15 克，辣椒粉 3 克，盐 1 克。

做法

1 将辣椒酱、生抽、白糖、辣椒粉、盐、葱末、姜末、蒜泥、梨汁搅匀成酱料。

2 肉片放入酱料中，腌渍。

3 烤箱用 200℃的温度预热，烤盘内铺层锡纸，将肉片码在烤盘上。

4 将烤盘放入烤箱中层，持续用 200℃烤约 10 分钟，中间翻面一次，烤好后撒一层白芝麻，趁热食用。

热菜 红酒牛排

准备 10 小时　烹调 40 分钟

材料 牛排、西蓝花各 250 克，豌豆、胡萝卜丁、洋葱片各 30 克，红酒 50 克。

调料 蒜蓉 10 克，料酒、盐、黑胡椒碎、酱油各适量。

做法

1 牛排洗净，加料酒、酱油、红酒、黑胡椒碎、盐腌渍一夜，包锡纸中。

2 豌豆、胡萝卜丁、洋葱片加酱油、盐炒熟；西蓝花加蒜蓉、盐炒熟为配菜。

3 将牛排放入烤箱中，温度设置在 350℃烤 30 分钟，至熟，放入盘中，加入配菜装饰即可。

烹饪提示
包牛肉时不要留缝隙，否则会烤出很多的汤汁。

热菜 牛肉金针菇卷

准备 50 分钟　烹调 10 分钟

材料 金针菇 200 克，牛肉片 100 克，洋葱丝 20 克。

调料 香草、白糖、盐、黑胡椒碎、橄榄油各适量。

做法

1 将金针菇去蒂，洗净，沥干水分。

2 牛肉放入碗中，加橄榄油、盐、白糖、黑胡椒碎、香草腌渍入味。

3 用牛肉片将金针菇卷起来，放入垫好洋葱丝的烤盘内。

4 将烤盘放入烤箱内，180℃烘烤 6 分钟，取出，盛盘即可。

烹饪提示
选购金针菇时，半球形的菌顶未展开的是嫩的、新鲜的。

热菜 迷迭香烤羊排

准备 24 小时　烹调 40 分钟

材料 羊肋排 300 克，土豆片 250 克。

调料 迷迭香、红酒、海盐、黑胡椒碎、橄榄油、苹果醋各适量。

做法

1 羊肋排洗净；迷迭香叶片择好；黑胡椒碎与海盐铺到羊肋排上，略腌。

2 将羊肋排置于铺锡纸的烤盘中，再放上迷迭香，倒入红酒。

3 烤箱 200℃预热 15 分钟，放羊肋排，250℃烤约 15 分钟。土豆片用橄榄油煎至两面金黄，铺于碟中，摆入羊肋排，配以苹果醋共食。

凉菜 **烤鸡沙拉**　准备 70 分钟　烹调 15 分钟

材料 鸡胸肉片 300 克，芒果片 30 克，番茄块、黄瓜片、洋葱条各 50 克，生菜叶 250 克。

调料 柳橙汁 60 克，青柠汁、橄榄油各 15 克，白酒醋 10 克，芥末酱、盐、黑胡椒粉各 5 克。

做法

1 生菜叶洗净；将柳橙汁、青柠汁、橄榄油、白酒醋、芥末酱、盐和黑胡椒粉调成沙拉酱，取出一部分，剩余的放入鸡肉片中拌匀，盖上盖，入冰箱冷藏 1 小时。

2 烤箱 200℃预热，鸡肉放入烤盘上烤 3 分钟至一面呈金黄色，翻面再烤 3 分钟至熟透，凉 5 分钟，切片。

3 取大碗，放芒果片、番茄块、黄瓜片、洋葱条拌沙拉酱，加鸡肉片，与生菜叶同食即可。

热菜 **柚蜜烤翅**　准备 24 小时　烹调 35 分钟

材料 鸡翅根 500 克。

调料 姜末、蒜末各 10 克，柚子蜜、郫县豆瓣酱各 20 克，蚝油、红糖、五香粉各适量。

做法

1 将姜末、蒜末、柚子蜜、郫县豆瓣酱、蚝油、红糖、五香粉混合成酱汁。

2 鸡翅根洗净，拌入酱汁中，包入保鲜膜放入冰箱内腌 24 小时入味。

3 烤箱 200℃预热，烤盘上垫上锡纸，把鸡翅根擦去姜末、蒜末放入烤盘中，用小刷子将酱汁在鸡翅上刷一层，然后放入烤箱大约烤 20 分钟。

4 取出鸡翅，烤箱温度提高到 210℃。

5 在鸡翅表面刷一层柚子蜜，放回烤箱上层烤大约 5 分钟取出，将鸡翅翻面，再刷一层柚子蜜，放回烤箱上层烤 5 分钟即可。

热菜 五香烤鸡翅

准备 2.5 小时　烹调 35 分钟

材料　鸡翅 8 个。

调料　盐、酱油、韩国烤肉辣酱、番茄酱、蜂蜜、红糖、醋、蒜末、五香粉、香油各适量。

做法

1 鸡翅洗净，在中间划一刀，加盐、酱油、韩国烤肉辣酱、番茄酱、蜂蜜、红糖、醋、蒜末、五香粉、香油拌匀，盖上盖子，腌 2 小时。

2 烤箱 250℃预热，烤盘上铺锡纸，把鸡翅摆在烤盘里，剩下的腌汁加水，浇在鸡翅上，烤 20 分钟，取出，翻面，再烤 10 分钟即可。

— **烹饪提示** —
鸡翅如能腌渍过夜，口感会更好。

热菜 糯米鸡肉卷

准备 40 分钟　烹调 25 分钟

材料　鸡腿 2 只，糯米 50 克，胡萝卜丝 70 克。

调料　盐 5 克，酱油、淀粉、白糖各 10 克，胡椒粉、五香粉各 4 克。

做法

1 糯米洗净，浸泡 30 分钟，蒸熟。

2 取小奶锅，加酱油、白糖、五香粉、胡萝卜丝和清水煮开熄火，加入糯米饭搅匀。

3 鸡腿去骨，用肉锤拍打，放大盘中，撒入少许盐和胡椒粉腌渍 20 分钟，再撒点淀粉并铺上搅拌好的饭，卷成筒状。

4 取一张锡纸，放上鸡腿卷，两头卷紧，捏成糖果状，放入烤箱中烤 20 分钟左右即可。

热菜 蜜汁烤三文鱼

准备 40 分钟　烹调 15 分钟

材料　新鲜三文鱼 350 克。

调料　烧烤酱、辣豆瓣酱、冰糖、生抽、料酒各适量。

做法

1 按个人口味把烧烤酱、辣豆瓣酱、冰糖、生抽、料酒调成酱汁，加一点水后烧开制成蜜汁。

2 把新鲜三文鱼切块后放入蜜汁中腌渍至少半小时。

3 烤箱预热 10 分钟后，把腌好的三文鱼段放在烤盘或碟子上进烤箱 200℃烤 3~5 分钟即可。

热菜 纸包鲈鱼 准备15分钟 烹调30分钟

材料 鲈鱼1条，洋葱150克，青尖椒段、
红尖椒段各20克。

调料 盐5克，酱油、姜丝、姜片、蒜片
各10克，白糖适量。

做法

1 鲈鱼治净，擦干，抹盐；洋葱去老皮，
洗净，切丝。

2 平底锅倒油烧热，炒香姜片，再放入鲈鱼
煎至金黄色，盛出，放到准备好的锡纸上。

3 另起锅入油，爆香蒜片和姜丝，加洋葱
丝、青尖椒段、红尖椒段翻炒，加酱油、
盐、白糖和水，炒好后浇到鲈鱼身上。

4 锡纸封口，烤箱200℃预热，上下火烤
20分钟即可。

烹饪提示

1.煎鱼的时候要用小火多煎一会儿，才有外酥
里嫩的感觉。

2.炒洋葱的时候放点水，这样就有了汤，在吃
鱼的时候蘸汤吃非常美味，也可加点蘑菇来
提味。

热菜 蒜蓉烤虾 准备25分钟 烹调15分钟

材料 基围虾500克，青椒粒、红椒粒、
黄椒粒各15克。

调料 蒜末15克，葱末5克，姜末、盐
各3克，料酒10克。

做法

1 剪去虾须和虾脚，用牙签去除虾线，用
刀将虾背片开，片开虾身的2/3，留下
1/3不要断开，撒盐2克和料酒，腌渍
10分钟。

2 将葱末、姜末、蒜末、青椒粒、红椒
粒、黄椒粒、盐搅匀成调味料。

3 将虾放入铺有锡纸的烤盘中，并将拌好
的调味料用勺子平摊在虾背上，放入烤箱
中层，用200℃烤约10分钟即可。

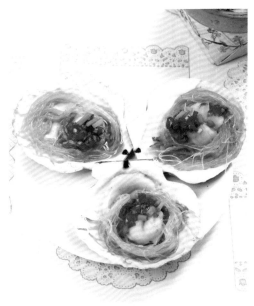

热菜 培根鲜虾卷 准备30分钟 烹调20分钟

材料 大虾 10 只，培根 10 片，芦笋尖 20 个，奶酪片 2 片。

调料 蒜蓉 15 克，盐 2 克，料酒 5 克，黑胡椒碎 1 克。

做法

1 虾去头和外皮，保留虾尾，去虾线，冲净沥干，加盐、料酒和蒜蓉搅匀腌渍 20 分钟；芦笋洗净后切段；奶酪切条。

2 培根铺在案板上，依次摆放上腌好的大虾、芦笋尖、奶酪条，大虾不露前段，只让尾部露出并自然翘起。

3 将培根包裹上所有食材卷起，用牙签固定，撒黑胡椒碎，将培根卷放在铺有锡纸的烤盘中，以 200℃烤 12~15 分钟即可。

烹饪提示

1. 尽量将培根的收口处压在培根卷的底部，这样卷出的成品更漂亮。

2. 利用大虾的自然弯曲让尾部自然翘起，这样烤出的鲜虾卷造型美观。

热菜 蒜香扇贝 准备30分钟 烹调15分钟

材料 扇贝 8 只，粉丝 40 克，青椒、红椒各 15 克。

调料 蒜末、橄榄油各 15 克，香葱末 10 克，柠檬汁、鱼露各 5 克，盐 1 克。

做法

1 扇贝的外壳掰开，用刀将扇贝肉片出，去掉黑色的沙包，洗净，打十字花刀，用刷子把扇贝壳里外刷净；粉丝放入温水中泡发；青椒、红椒分别洗净，切粒。

2 蒜末加青椒粒、红椒粒混合，加盐、鱼露和橄榄油搅匀制成味汁。

3 扇贝肉放在处理好的扇贝壳中间，放在铺有锡纸的烤盘中，将粉丝绕圈放在扇贝肉的周围，将拌好的味汁均匀地浇在扇贝肉上面，并挤上几滴柠檬汁。

4 在调好味的扇贝上盖一层锡纸，然后放入预热好的烤箱中，以 180℃烤 5~8 分钟，撒葱末即可。

主食 **奶香焗饭** 准备 10分钟 | 烹调 20分钟

材料 米饭300克，洋葱80克，青椒1个，火腿50克，青豆罐头30克，大虾100克，牛奶400克，鲜奶油40克。

调料 盐、黑胡椒碎各少许，碎奶酪适量。

做法

1 洋葱、青椒、火腿分别洗净，切成1厘米大小的丁；大虾去掉虾壳、虾线，洗净。

2 米饭中加入牛奶搅拌开，用小火煮一下，拌入盐和青豆。

3 把煮过的米饭放入烤盘，撒上少许黑胡椒碎，撒上碎奶酪、洋葱丁、青椒丁、火腿丁、大虾，绕圈淋上鲜奶油，放入烤箱，用200℃烤15分钟至周围起泡、奶酪变成金黄色即可。

甜点 **清润烤梨片** 准备 10分钟 | 烹调 35分钟

材料 鸭梨2个，白糖50克。

做法

1 梨洗净，放在干净的案板上，用刀纵向切成2毫米厚的片。

2 烤盘中铺上锡纸，烤箱160℃预热备用。

3 将梨片一片片铺在锡纸上，撒上白糖，每一面撒糖的量约为2克。

4 将铺好梨片的烤盘放入烤箱，用200℃烤制15分钟后，取出烤盘，将梨片翻面，重复上一个步骤将梨片上都撒上白糖，将烤盘放回烤箱，再烤制15分钟。

5 将烤好的梨片从烤箱中取出，放在铁丝架上放凉，晾干，直至梨片变脆即可。

烹饪提示

1. 切梨片的时候，要切得薄而均匀。薄点能让梨片口感好，切均匀是为了让梨片烤出来成熟度一致。

2. 将梨片放在铁丝架或铁丝网上晾干时，最好放在通风的地方，这样梨片更容易干。

PART

15

电饭锅家常菜
发掘电饭锅的多重功能

热菜 土豆炖猪肉 准备 20分钟 烹调 40分钟

材料 猪肉 250 克，土豆 400 克。

调料 葱段、姜片、料酒、白糖、生抽、老抽各 10 克，盐 5 克，花椒、大料各 3 克，干辣椒 3 个。

做法

1 土豆洗净，去皮，切成小条；猪肉洗净，放锅中，加清水没过猪肉，再放葱段、姜片、花椒、大料、料酒，大火煮开，中火再煮 10 分钟，取出，凉后切成小块。

2 电饭锅内胆里放上葱段、姜片、花椒、大料，再倒入切好的猪肉，放少许油、白糖、盐、生抽、老抽、料酒、干辣椒，倒入清水没过猪肉，按下"煮饭"键。

3 待电饭锅跳到保温档后，打开锅盖，倒入土豆条，按下"煮饭"键，等电饭锅再次跳到保温档即可。

热菜 花生红枣焖猪蹄 准备 15分钟 烹调 2.5小时

材料 猪蹄 2 只，花生仁 100 克，红枣 15 颗。

调料 姜片、葱段各 10 克，花椒 20 粒，大料 3 个，香叶 3 片，桂皮 1 块，料酒 50 克，生抽 35 克，老抽 30 克。

做法

1 将猪蹄洗净，剁成小块，放入凉水中大火煮 5 分钟，冲净表面浮沫备用。

2 花生仁和红枣分别洗净；将花椒、大料、香叶、桂皮放入一次性料包中。

3 把焯烫好的猪蹄块放入电饭锅中，再加入姜片和葱段，倒入开水没过猪蹄。

4 放入料包，倒入料酒、生抽、老抽搅匀后，盖上盖子，按下"焖/炖"键，选择"焖"即可，约 2.5 小时即可。

烹饪提示

1.如果用普通锅，大火煮开，改成中小火炖1.5小时也很美味。

2.做猪蹄时，焖得时间越长越好，肉酥烂、皮柔滑。

热菜 电饭锅蒸排骨

准备 35 分钟　烹调 2 小时

材料　排骨 500 克。
调料　盐 3 克，酱油 15 克，蒜片、白糖各 10 克，淀粉适量。
做法
1 排骨洗净，沥干水分，加盐、酱油、植物油、蒜片、白糖、淀粉腌渍 30 分钟。
2 将排骨放入电饭锅中，摁下"焖／炖"键，1~2 小时即可。

烹饪提示
也可将排骨入蒸笼中，置于电饭锅上，下面做米饭。

热菜 电饭锅盐焗鸡

准备 24 小时　烹调 50 分钟

材料　鸡 1 只。
调料　姜片 10 克，盐焗鸡粉半包。
做法
1 鸡治净，擦干，均匀抹上盐焗鸡粉，包上保鲜膜放入冰箱冷藏室 24 小时。
2 从冰箱中取出腌好的鸡，在室温下放置 10 分钟。
3 电饭锅内胆刷一层食用油，再放姜片，将鸡腹朝下放入，按下"开始"键，待显示做好后，再按，直到鸡熟透即可。

热菜 电饭锅烤鸡翅

准备 12 小时　烹调 50 分钟

材料　鸡翅 6 只。
调料　新奥尔良烧烤腌料适量。
做法
1 新奥尔良烧烤腌料加水调匀；鸡翅洗净，焯烫，用刀划两刀，倒腌料，盖上保鲜膜放冰箱腌渍一夜。
2 电饭锅按下"煮饭"键，在内胆底部涂层植物油，放鸡翅，加腌料汁，盖锅盖，约 15 分钟后"煮饭"键跳起，待 3 分钟后，开锅盖把鸡翅翻面，再重复煮 2 次。
3 "煮饭"键第三次跳起，等待 3 分钟即可。

烹饪提示
电饭锅烤鸡翅容易煳锅底，除了电饭锅内胆要抹匀油外，还要不时翻面。

热菜 电饭锅酱香凤爪　准备 35分钟　烹调 25分钟

材料 鸡爪（凤爪）500克。

调料 葱段、姜片、老抽、白糖各10克，盐5克，料酒、生抽、黄酱、甜面酱各15克，胡椒粉少许。

做法

1. 鸡爪洗净，剪掉趾甲，再剁成两段。
2. 锅中加适量清水、鸡爪、料酒、姜片煮开，撇清血沫。
3. 将料酒、盐、白糖、甜面酱、老抽、生抽、黄酱、胡椒粉拌匀。
4. 鸡爪与料汁拌匀，一起放入电饭锅内胆里，加水没过鸡爪的2/3。
5. 煮约15分钟汤汁有点浓稠即可按到"保温"键，闷5分钟后撒上葱段即可。

主食 骨汤土豆焖饭　准备 20分钟　烹调 40分钟

材料 大米100克，土豆150克。

调料 排骨汤、盐各适量。

做法

1. 大米淘洗干净；土豆洗净，去皮，切丁，放入微波炉中加热4分钟备用。
2. 把淘洗干净的大米放入电饭锅内，加入排骨汤、适量清水、盐搅匀。
3. 将土豆丁放入煎锅中，煎至表面稍硬。
4. 把煎好的土豆丁放入电饭锅内，盖上盖子，选择"米饭"键，焖至开关跳起即可。

主食 紫薯红枣饭　准备 1小时　烹调 35分钟

材料 大米100克，紫薯80克，紫米50克，红枣10颗。

做法

1. 将大米、紫米淘好，大米浸泡30分钟，紫米浸泡1小时。
2. 紫薯洗净，切小粒。
3. 将切好的紫薯和红枣一同浸泡到大米、紫米中，放入电饭锅蒸熟即可。

主食 腊肉香肠煲仔饭　准备 10分钟　烹调 35分钟

材料　大米 200 克，广东香肠 5 根，腊肉 100 克。

调料　生抽 30 克，老抽 3 克，盐 4 克，白糖 5 克，香油、姜丝各适量。

做法

1 将生抽、老抽、盐、白糖、香油和凉白开搅匀制成料汁；大米洗净，放电饭锅中，再放清水，摁下开关，煮至米饭将好，打开。

2 香肠和腊肉切薄片，与姜丝放在米饭的表面，盖上盖子，将米饭煮熟，不打开盖子，继续闷 10 分钟。

3 打开盖子，倒入料汁，搅拌均匀即可。

> **烹饪提示**
>
> 1. 电饭锅煮饭水不要放太多，否则煮好的米饭太软太黏，搅拌后米饭会黏黏糊糊的，口感不好。将锅平放，从米平面到水平面的高度为食指第一关节的一半即可。
>
> 2. 如果香肠不是广东香肠，需要提前整根蒸熟，不要切片，否则会损失香味。

主食 电饭锅红豆煎饼　准备 3小时　烹调 35分钟

材料　红豆 100 克，面粉 200 克，酵母 2 克。

调料　白糖适量。

做法

1 红豆洗净，浸泡 2 小时，加清水和白糖煮成豆沙，捞出，沥干；酵母加温水化开。

2 面粉加白糖混匀，加酵母水、温水，揉成的面团醒发 1 小时，取出，揉压，搓成长条，分成小剂子，揉圆，按扁。

3 将豆沙放面皮中，将其合拢后封口，用手轻轻地按扁，再醒 10 分钟。

4 电饭锅内放少许油，放入红豆饼，注意放的时候每个饼之间要留出空隙。

5 电饭锅内加入少许水，盖上盖子，按"煮饭"键，待键跳起时打开盖子，翻面；再加入少许水，盖上盖子，按"煮饭"键，待键跳起后等 2 分钟开锅盖，稍凉即可。

> **烹饪提示**
>
> 第二次如不能将"煮饭"键按下，请等一会儿再按。

图书在版编目（ＣＩＰ）数据

精选家常菜大全：升级版 / 高杰编著 . -- 北京：
中国轻工业出版社，2024.7
ISBN 978-7-5184-2441-2

Ⅰ．①精… Ⅱ．①高… Ⅲ．①家常菜肴—菜谱 Ⅳ．
① TS972.127

中国版本图书馆 CIP 数据核字（2019）第 068299 号

责任编辑：翟　燕　　　责任终审：张乃东　　　全案制作：悦然文化
策划编辑：翟　燕　　　责任监印：张　可　　　整体设计：杨　丹

出版发行：中国轻工业出版社（北京鲁谷东街5号，邮编：100040）
印　　刷：北京博海升彩色印刷有限公司
经　　销：各地新华书店
版　　次：2024年 7 月第1版第14次印刷
开　　本：720×1000　1/16　　印张：14
字　　数：260千字
书　　号：ISBN 978-7-5184-2441-2　　定价：39.90元
邮购电话：010-85119873
发行电话：010-85119832　010-85119912
网　　址：http://www.chlip.com.cn
Email：club@chlip.com.cn
版权所有　侵权必究
如发现图书残缺请直接与我社邮购联系调换
241344S1C114ZBW